SAFON UWCH

CANLLAW I FYFYRWYR

CBAC

Hanes

Uned 3: Canrif yr Americanwyr, tua 1890–1990

H. J. Davey

HODDER
EDUCATION
AN HACHETTE UK COMPANY

CBAC Safon Uwch Hanes Uned 3: Canrif yr Americanwyr, tua 1890–1990. Canllaw i Fyfyrwyr

Addasiad Cymraeg o *WJEC A-Level History Student Guide Unit 3: The American Century c. 1890–1990* a gyhoeddwyd yn 2019 gan Hodder Education

Ariennir yn Rhannol gan **Lywodraeth Cymru**
Part Funded by **Welsh Government**

Cyhoeddwyd dan nawdd Cynllun Adnoddau Addysgu a Dysgu CBAC

Hodder Education, cwmni Hachette UK, Blenheim Court, George Street, Banbury, Oxfordshire OX16 5BH

Archebion

Bookpoint Ltd, 130 Milton Park, Abingdon, Oxfordshire OX14 4SB

ffôn: 01235 827720

ffacs: 01235 400401

e-bost: education@bookpoint.co.uk

Mae'r llinellau ar agor rhwng 9.00 a 5.00 rhwng dydd Llun a dydd Sadwrn, gyda gwasanaeth ateb negeseuon 24 awr. Gallwch hefyd archebu trwy ein gwefan: www.hoddereducation.co.uk.

© H. J. Davey 2019 (yr argraffiad Saesneg)

ISBN 978-1-5104-8206-7

Argraffiad cyntaf 2020

© CBAC 2020 (yr argraffiad Cymraeg hwn ar gyfer CBAC)

Rhif yr argraffiad   5 4 3 2

Blwyddyn 2023 2022 2021 2020

Mae cyn-gwestiynau papurau arholiad CBAC yn yr adran Cwestiynau ac Atebion wedi'u hatgynhyrchu gyda chaniatâd CBAC.

Llun y clawr pingebat/Adobe Stock

Cysodwyd gan Integra Software Services Pvt. Ltd., Pondicherry, India.

Argraffwyd gan Printer Trento S.r.l.

Polisi Hachette UK yw defnyddio papurau sy'n gynhyrchion naturiol, adnewyddadwy ac ailgylchadwy o goed a dyfwyd mewn coedwigoedd cynaliadwy. Disgwylir i'r prosesau torri coed a gweithgynhyrchu gydymffurfio â rheoliadau amgylcheddol y wlad y mae'r cynnyrch yn tarddu ohoni.

Cynnwys

Arweiniad i'r Cynnwys

Cwestiynau ac Atebion

■ Gwneud y gorau o'r llyfr hwn

Cyngor

Cyngor ar bwyntiau allweddol yn y testun i'ch helpu i ddysgu a chofio cynnwys, osgoi camgymeriadau a mireinio eich techneg arholiad er mwyn gwella eich gradd.

Gwirio gwybodaeth

Cwestiynau cyflym sy'n codi yn yr adran 'Arweiniad i'r Cynnwys' er mwyn gwirio eich dealltwriaeth.

Atebion gwirio gwybodaeth

1 Trowch i gefn y llyfr i gael atebion i'r cwestiynau gwirio gwybodaeth.

Crynodebau

■ Ar ddiwedd pob testun craidd mae crynodeb ar ffurf pwyntiau bwled er mwyn i chi weld yn gyflym beth mae angen i chi ei wybod.

Cwestiynau ac Atebion

mae'n debyg oedd Haf Rhyddid 1964. Cynulliad o grwpiau Hawliau Sifil a phrotestiadau heddychlon oedd hwn a arweiniodd at basio Deddf Hawliau Sifil 1964. Mae hyn yn enghraifft o'r ffordd y gallai niferoedd mawr a chefnogaeth i'r mudiad dan reolaeth heddychlon ddod â llwyddiant sylweddol i'r mudiad. Mae'n rhaid mai'r cyfraniad mwyaf i'r mudiad Hawliau Sifil a'r mwyaf arwyddocaol oedd tactegau heddychlon King. Er mai rôl yr arlywyddion galodd yr effaith mwyaf corfforol a dwfn, oni bai am dactegau ymosodol o heddychlon mudiad King, a fyddai'r Arlywyddion wedi dewis llwybr arall? ▣

ⓐ ▣Dylid nodi'r ateb i'r cwestiwn yn y casgliad yn hytrach na'r cyflwyniad, a ddylai ddiflinio cysyniadau a nodi sut y caiff y cwestiwn ei drafod.▣ Er ei fod yn cael ei grybwyll, ni chaiff dylanwad yr Ail Ryfel Byd ei asesu. ▣Achos llys oedd Brown, nid deddfwriaeth. ▣ Pa artywydd? Pryd? Ceir ymgais i lunio barn.

Nid yw hwn yn ateb cryf. Mae'n crybwyll yr Arlywydd Johnson yn fyr ond caiff ellen bwysig o'r cwestiwn ei hanwybyddu. Er ei fod yn ceisio dod i farn ar ddylanwadau eraill, mae'n wan ar drafod y cyfnod gydag asesiadau perthnasol o'r Ail Ryfel Byd ac gweithredoedd arlywyddol an goll. Efallai y byddai'n ennill marc lefel 3 isel.

Cwestiwn 2

I ba raddau y gellir dweud mai imperialaeth oedd y prif ddylanwad ar bolisi tramor America yn y cyfnod 1890–1929?   (30 marc)

Myfyriwr A

Yn ystod y cyfnod 1890–1929 roedd polisi tramor UDA yn amlwg dan ddylanwad imperialaeth, nid lleiaf am fod cred y 19eg ganrif mewn Ffawd Amlwg a phresenoldeb Athrawiaeth Monroe 1823 wedi sbarduno America i ddefnyddio ei dylanwad wrth gaffael tiriogaeth newydd. ▣ gan ddylanwadu ar ganlyniad y Rhyfel Byd Cyntaf a'r amrywiol heriau a godwyd yng Nghytundeb Versailles oedd yn gyson yn ystod y 1920au. Fodd bynnag, ceir llawer o ddadlau ai imperialaeth oedd y prif ddylanwad ar bolisi tramor America, yn enwedig wrth ystyried natur hollbresennol pryderon economaidd, barn y cyhoedd yn mynnu ymynysedd.

Yn wir gellir dadlau drwy gydol y cyfnod 1890–1929, bod imperialaeth yn sail ar gyfer polisi tramor America. Er enghraifft gellir ystyried ymwneud America â'r rhyfel rhwng Sbaen ac America yn 1898 fel arwydd clir bod America'n awyddus i sefydlu ei hawdurdod ar gyfandir America, yn unol ag Athrawiaeth Monroe 1823. Gwelir hyn ar ei fwyaf clir gyda phrynu'r Pilipinas am $20m drwy gytundeb Paris yn 1898, a thrwy wneud hynny amlygu cred America mewn Arfaeth Amlwg i ehangu ei sffêr o ddylanwad i'r Cefnfor Tawel. Ymhellach gellir gweld mai imperialaeth oedd prif ddylanwad polisi tramor America hyd yn oed wrth i'r cyfnod 1890–1929 fynd yn ei flaen gan fod 'diplomyddiaeth doler' yr Arlywydd Taft, ▣ a gyflymwyd yn dilyn cwymp brenhinlin Manchu yn China yn 1911, yn arwydd clir o awydd cwymp i fod yn

82   CBAC Hanes

Cwestiynau enghreifftiol

Enghreifftiau o atebion myfyrwyr

Gallwch chi ymarfer y cwestiynau, cyn edrych ar yr atebion posibl sy'n dilyn.

Sylwadau ar yr atebion enghreifftiol

Darllenwch y sylwadau (sy'n dilyn yr eicon ⓐ) sy'n dangos faint o farciau byddai pob ateb yn ei gael yn yr arholiad, ac yn dangos ble yn union y byddai marciau yn cael eu hennill neu eu colli.

■ Ynglŷn â'r llyfr hwn

Mae'r canllaw hwn yn ymdrin â Safon Uwch Uned 3 Opsiwn 8 **Canrif yr Americanwyr, tua 1890–1990** ym manyleb TAG CBAC, sy'n werth 20% o'r cymhwyster Safon Uwch cyfan.

Mae'r adran **Arweiniad i'r Cynnwys** yn amlinellu'r meysydd cynnwys allweddol yn y cyfnod 1890-1990. Mae *dwy* thema, a rhaid astudio'r ddwy. Y thema gyntaf yw **Y Frwydr dros Hawliau Sifil, tua 1890–1990**, sy'n canolbwyntio ar y profiad Americanaidd Affricanaidd. Mae'r adran gyntaf yn canolbwyntio ar effaith deddfau Jim Crow ac erydu rhyddid Americanaidd Affricanaidd. Mae'r ail adran yn edrych ar effaith mudo, y Fargen Newydd a'r rhyfel ar Americanwyr Affricanaidd yn y cyfnod 1910–48. Yn y drydedd ran, ceir dadansoddiad o'r datblygiadau mewn hawliau sifil i Americanwyr Affricanaidd yn y cyfnod 1954–68. Yn olaf, edrychir ar ganlyniadau'r mudiad hawliau sifil yn y cyfnod 1968–90.

Yr ail thema yw **Ffurfio Pŵer Mawr, tua 1890–1990**. Mae'r adran gyntaf yn edrych ar newid a pharhad ym mholisi tramor UDA yn y cyfnod 1890–1937. Mae'r ail adran yn edrych ar effaith ymwneud UDA â'r Ail Ryfel Byd a'r Rhyfel Oer yn y cyfnod 1937–1975. Yn olaf, caiff arwyddocâd détente a diwedd y Rhyfel Oer yn y cyfnod tua1975–1990 eu hystyried.

Mae'r adran **Cwestiynau ac Atebion** yn cynnwys enghreifftiau o atebion i'r ddau fath o gwestiwn traethawd ar gyfer yr uned hon (sydd werth 30 marc yr un). Ceir enghreifftiau o ymatebion lefel 5/4 (gradd A/B) a lefel wannach 3/2 (gradd E/F). Nid yw wedi bod yn bosibl darparu cwestiynau ac atebion enghreifftiol ar gyfer pob datblygiad, felly dylech fod yn ymwybodol y gallai unrhyw ran o'r fanyleb gael ei phrofi yn yr arholiad. Ni all y canllaw hwn chwaith fanylu'n llawn ar bob datblygiad, felly dylech ei ddefnyddio ochr yn ochr ag adnoddau eraill, fel nodiadau dosbarth ac erthyglau mewn cyfnodolion, yn ogystal â rhai, o leiaf, o'r llyfrau a nodir yn y rhestr ddarllen a luniwyd gan CBAC ar gyfer y fanyleb hon.

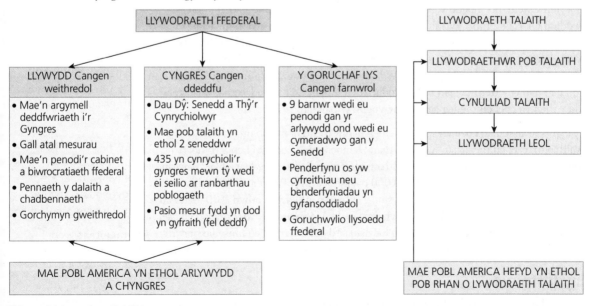

Ffigur 1 Llywodraeth UDA

Arweiniad i'r Cynnwys

◼ Y frwydr Americanaidd Affricanaidd dros hawliau sifil, tua 1890–1990

Effaith deddfau Jim Crow ac erydu rhyddid Americanaidd Affricanaidd.

Rhagarweiniad

Ar ddiwedd Rhyfel Cartref America yn 1865 diddymwyd caethwasiaeth yn UDA gan y 13eg Gwelliant i'r Cyfansoddiad. Roedd pedair miliwn o gaethweision Americanaidd Affricanaidd bellach yn rhydd yn gyfreithlon: doedd hi ddim yn glir fodd bynnag a oedd ganddyn nhw fel dynion rhydd yr un hawliau sifil ag Americanwyr gwyn. Daeth y taleithiau a drechwyd yn y de yn ôl i mewn i UDA a'u diwygio mewn proses a alwyd yn ail-luniad. Cafwyd ymdrech gan y Gyngres i roi hawliau sifil i Americanwyr Affricanaidd ac i greu llywodraethau newydd i daleithiau'r de. Cafwyd ymateb chwyrn i hyn, gan gynnwys rhwystro gan aelodau gwyn deheuol y Blaid Ddemocrataidd yn ogystal ag ymgyrchoedd o ddychryn a brawychu yn erbyn Gweriniaethwyr ac Americanwyr Affricanaidd gan gyrff dirgel fel y Ku Klux Klan (KKK).

Cadarnhawyd dau welliant pellach i'r Cyfansoddiad yn 1868 (y 14eg Gwelliant) ac yn 1870 (y 15fed Gwelliant). Roedd y gwelliannau hyn yn caniatáu cydraddoldeb i holl ddinasyddion UDA gerbron y gyfraith, gan ddatgan nad oedd modd gwrthod yr hawl i bleidleisio 'ar sail hil, lliw neu amodau caethwasiaeth flaenorol'. Ceisiodd Deddf Hawliau Sifil gyfyngedig yn 1875 atal gwahaniaethu mewn mannau cyhoeddus fel rheilffyrdd, gwestai a theatrau, ond nid oedd yn gymwys i addysg ac eglwysi. Fodd bynnag, nid oedd y newidiadau hyn yn effeithiol gan fod gorfodaeth yn dibynnu ar lywodraethau taleithiol ac roedd y rheini'n cael eu rhedeg gan wrthwynebwyr hawliau sifil.

Daeth y cyfnod o ail-luniad i ben yn 1877, ac erbyn hynny roedd bron pob un o daleithiau'r de unwaith eto'n cael eu rheoli gan lywodraethau Democrataidd oedd yn benderfynol o gynnal goruchafiaeth yr Americanwyr gwyn a thanseilio'r newidiadau diweddar o blaid hawliau sifil Americanwyr Affricanaidd. Er bod 700,000 o Americanwyr Affricanaidd wedi'u cofrestru i bleidleisio yn nhaleithiau'r de yn ystod y cyfnod o ail-luniad, erbyn 1910 roedd eu pleidlais fwy neu lai wedi'i dileu'n llwyr. Nid yn unig oedd Americanwyr Affricanaidd yn cael eu dadryddfreinio (gweler isod) ond roedd eu hawliau sifil eraill yn cael eu tanseilio mewn cymdeithas lle roedd arwahanu'n cynyddu, gyda thrais a bygythiadau yn gyffredin iawn.

Dadryddfreinio

Ar ôl y cyfnod o ail-luniad, cafodd etholwyr Americanaidd Affricanaidd eu dadryddfreinio, yn aml drwy dwyll a bygythiadau. Erbyn y 1890au roedd dadryddfreinio'n llawer ehangach

---

Cyfansoddiad Yr enw a roddir i'r rheolau a'r gweithdrefnau sy'n rheoli gwlad. Mae gan UDA gyfansoddiad ysgrifenedig y gall y Gyngres ei diwygio.

Dynion rhydd Pobl a gafodd eu rhyddhau o gaethwasiaeth.

Hawliau sifil Yr hawl i bleidleisio mewn etholiadau, i driniaeth gyfartal o dan y gyfraith ac i gyfle cyfartal mewn addysg ac yn y gweithle.

Y Blaid Ddemocrataidd Plaid wleidyddol oedd wedi bod o blaid caethwasiaeth ac yn erbyn hawliau sifil i Americanwyr Affricanaidd.

Y Blaid Weriniaethol Plaid wleidyddol a sefydlwyd yn y 1850au oedd yn erbyn caethwasiaeth ac yr oedd ei haelodau radical yn ymgyrchu dros hawliau sifil i Americanwyr Affricanaidd.

Ku Klux Klan Mudiad terfysgol oedd yn defnyddio trais a bygythiadau i gynnal goruchafiaeth pobl wyn.

Cymdeithas wedi'i harwahanu Lle caiff pobl eu gwahanu oherwydd hil, yn enwedig mewn addysg, tai a thrafnidiaeth.

ac yn systematig. Roedd ffyrdd yn cael eu canfod i sicrhau bod y 15fed Gwelliant (oedd wedi gwneud dadryddfreinio yn anghyfreithlon) yn aneffeithiol.

Yn 1890 arweiniodd talaith Mississippi y ffordd drwy gyflwyno cymwysterau pleidleisio oedd yn cynnwys **treth y pen**, prawf llythrennedd a gofyniad preswylio. Roedd y rheolau ar gyfer talu treth y pen yn gymhleth ac yn ddrud; cafodd y profion llythrennedd eu dyfeisio i'w gwneud yn anodd iawn i Americanwyr Affricanaidd berswadio cofrestryddion lleol eu bod yn gallu darllen ac ateb cwestiynau syml am Gyfansoddiad UDA. Barnodd y Goruchaf Lys fod y profion a gyflwynwyd ym Mississippi yn gyfreithlon. Er bod y 15fed Gwelliant yn gwahardd gwrthod y bleidlais ar sail hil neu liw, nid oedd yn gwneud hynny ar sail llythrennedd, perchnogaeth eiddo na thalu treth.

Cyn hir roedd y rhan fwyaf o daleithiau'r de wedi dilyn model Mississippi. Roedd y gyfran o Americanwyr Affricanaidd oedd wedi'u cofrestru i bleidleisio yn y de yn amrywio o gyn lleied â 2% mewn rhai taleithiau i uchafswm o 15% mewn eraill.

Teimlwyd effaith y dadryddfreinio hefyd gan etholwyr gwyn tlawd a gollodd y bleidlais oherwydd y profion eiddo a llythrennedd. Ceisiodd nifer o daleithiau'r de osgoi'r anhawster hwn drwy gyflwyno **cymalau 'taid'**. Roedd y rhain yn rhoi'r bleidlais i bob oedolyn gwrywaidd yr oedd ei dad neu daid wedi pleidleisio cyn 1867 (hynny yw cyn y 14eg a'r 15fed Gwelliant). Cyflwynodd taleithiau eraill gymalau 'dealltwriaeth' oedd yn caniatáu i gofrestrydd gynnwys dynion anllythrennog oedd ag ychydig yn unig o eiddo neu ddim eiddo o gwbl ar y rhestr os oedden nhw'n gallu dangos eu bod yn deall adran o gyfansoddiad y dalaith wrth iddo gael ei ddarllen iddyn nhw. Roedd yn ddigon hawdd camddefnyddio'r cymal hwn i ganiatáu i gofrestryddion roi'r bleidlais i Americanwyr gwyn a'i gwrthod i Americanwyr Affricanaidd.

Roedd y de yn llawer llai democrataidd yn 1900 nag yr oedd yn 1860. Mewn gwlad lle roedd y rhan fwyaf o wleidyddion a swyddogion yn cael eu hethol, roedd colli'r bleidlais yn lleihau statws Americanwyr Affricanaidd.

Ychydig o ymateb a gafwyd i'r ymdrechion amlwg hyn i danseilio'r 14eg a'r 15fed Gwelliant yn nhaleithiau'r de. Daeth hawliau sifil i Americanwyr Affricanaidd yn llai pwysig i wleidyddion yn y 1890au wrth i broblemau gwleidyddol ac economaidd eraill fynd ag amser y Gyngres, yn benodol dadleuon am dariffau, ymddiriedolaethau ac arian. Diddymodd y Gyngres, oedd â'r Democratiaid yn brif blaid, y rhan fwyaf o'r ddeddfwriaeth gorfodi yn ystod cyfnod yr ail-luniad. Wrth i lais gwleidyddol Americanwyr Affricanaidd gael ei thewi'n gynyddol gan bolisïau dadryddfreinio, roedd hil yn flaenoriaeth isel i wleidyddion tan ar ôl yr Ail Ryfel Byd.

Effaith penderfyniadau'r Goruchaf Lys

Y Goruchaf Lys yw'r llys uchaf yn UDA. Mae ei ddyfarniadau'n derfynol a'r bwriad oedd sicrhau na fyddai'r arlywydd na'r Gyngres yn cam-drin y pwerau a roddwyd iddyn nhw gan y Cyfansoddiad. Os yw'r Goruchaf Lys yn dyfarnu bod cyfraith yn anghyfansoddiadol, nid oes modd ei rhoi ar waith. Tanseiliodd nifer o benderfyniadau'r Goruchaf Lys y warant o driniaeth deg a roddwyd i Americanwyr Affricanaidd yn y gwelliannau i'r Cyfansoddiad ar ôl y Rhyfel Cartref.

Yn 1883 archwiliodd y Goruchaf Lys bum achos hawliau sifil lle roedd Americanwyr Affricanaidd wedi dwyn achos yn erbyn cwmnïau cludo, gwestai a theatrau am wahaniaethu ar sail hil. Dyfarnodd y llys fod Deddf Hawliau Sifil 1875 yn anghyfansoddiadol. Dywedodd y llys nad oedd gan y llywodraeth ffederal awdurdod i ddiogelu Americanwyr Affricanaidd yn erbyn gwahaniaethu gan unigolion preifat.

Dadryddfreinio Tynnu'r hawl i bleidleisio i ffwrdd.

Treth y pen Treth a osodwyd ar bleidleiswyr oedd yn ei gwneud yn anodd i Americanwyr Affricanaidd, oedd yn gyffredinol yn dlotach, bleidleisio.

Cymalau 'taid' Cyfreithiau mewn rhai taleithiau yn y de oedd yn caniatáu i Americanwyr gwyn, nad oedden nhw'n gallu pasio'r profion llythrennedd, bleidleisio os oedden nhw'n gallu profi bod un o'u cyndeidiau wedi pleidleisio cyn 1865 (doedd dim un Americaniad Affricanaidd yn gallu gwneud hynny).

Deddfwriaeth gorfodi Deddfau a basiwyd yn ystod y cyfnod ail-luniad i orfodi taleithiau i ddod â gwahaniaethu yn erbyn Americanwyr Affricanaidd i ben.

Cyngor

Mae angen i chi ddeall pam fod penderfyniadau'r Goruchaf Lys mor bwysig mewn gwlad gyda chyfansoddiad ysgrifenedig - gweler y diagram ar dudalen 5.

Yn 1890 roedd talaith Louisiana wedi pasio deddf yn dweud bod rhaid cael darpariaeth ar wahân i wahanol hiliau mewn trenau. Yn 1892 heriodd Homer Plessy, Americanwr Affricanaidd, y gyfraith hon mewn achos a gyrhaeddodd y Goruchaf Lys yn y pen draw yn 1896. Roedd dyfarniad y Goruchaf Lys yn achos *Plessy* yn hynod o arwyddocaol. Dyfarnodd nad oedd cyfleusterau teithio ar wahân yn effeithio ar hawliau Americanwyr Affricanaidd, cyhyd â bod y cyfleusterau'n gyfartal. Felly cafodd y syniad 'ar wahân ond cyfartal' fendith y llys uchaf yn UDA.

Mewn achos arall, *Cumming* v *Bwrdd Addysg* (1899), ehangodd y Goruchaf Lys yr egwyddor i gynnwys ysgolion. Cafodd y syniad o arwahanu ei groesawu'n frwd yn nhaleithiau'r de, a chafodd ei ddefnyddio nid yn unig ar drafnidiaeth, ond hefyd mewn parciau, theatrau, gwestai, ysbytai, ardaloedd preswyl, ysgolion ac hyd yn oed mynwentydd.

Yn nodedig, anghytunodd un o farnwyr y Goruchaf Lys, John Marshal Harlan, â'r dyfarniadau yn yr achos hawliau sifil yn 1883 ac achos *Plessy* yn 1896, gan honni bod 'ein cyfansoddiad yn lliwddall' a bod y llys wedi tanseilio sylwedd ac ysbryd gweithredoedd y Gyngres.

Mae rôl y Goruchaf Lys wedi creu anghydfod, gyda rhai haneswyr yn nodi bod ei benderfyniadau fel arfer yn adlewyrchu cyflwr y farn gyhoeddus ar y pryd ac nad oedd y gwelliannau i'r Cyfansoddiad yn 1866–70 wedi'u llunio'n ddigon manwl i atal gwahaniaethu.

Deddfau Jim Crow

Gan ddechrau yn 1887, pasiodd taleithiau'r de gyfreithiau i arwahanu Americanwyr Affricanaidd oddi wrth Americanwyr gwyn a alwyd gyda'i gilydd yn **ddeddfau Jim Crow**. Fe'u henwyd ar ôl cân o'r enw 'Jump Jim Crow' oedd yn gwneud hwyl am ben Americanwyr Affricanaidd. Cafodd ei chyfansoddi gan Thomas Rice ar gyfer sioe gerdd yn y 1830au ac roedd yn boblogaidd gyda chynulleidfaoedd gwyn.

Roedd deddfau Jim Crow yn llawer ehangach ac yn fwy manwl. Roedden nhw'n cael eu gweithredu'n fwy llym nag unrhyw beth oedd wedi bodoli o'r blaen. Pasiodd Florida ddeddfau yn 1887 oedd yn mynnu bod rhaid cael darpariaeth ar wahân ar drenau i wahanol hiliau. Erbyn 1891 roedd y rhan fwyaf o daleithiau'r de wedi pasio deddfau tebyg a rhoddodd achos *Plessy* brawf ar y deddfau a basiwyd yn Louisiana yn 1890. Rhoddodd achos *Plessy* ddilysrwydd i ddeddfau Jim Crow, ac yn fuan roedden nhw'n cael eu cymhwyso i bron bob agwedd ar fywyd cyhoeddus yn nhaleithiau'r de.

Ynghyd â'r deddfau Jim Crow cafwyd achosion o drais hiliol milain ac ymdrech benderfynol i ddadryddfreinio pleidleiswyr Americanaidd Affricanaidd.

Trais hiliol

Erbyn 1900 roedd y bleidlais wedi'i gwrthod i'r rhan fwyaf o Americanwyr Affricanaidd ac roedd yr arwahanu'n fwy llym nag erioed. Anogodd y syniad o oruchafiaeth pobl wyn hinsawdd o drais hiliol hefyd. Cafwyd ymosodiadau llym yn aml gan heidiau o bobl ar ardaloedd preswyl Americanwyr Affricanaidd. Yn 1898 yn Wilmington, Gogledd Carolina, lladdwyd 11 o Americanwyr Affricanaidd gyda channoedd mwy yn colli eu cartrefi yn dilyn ymosodiad gan dyrfa o bobl wyn. Gwelwyd ymosodiadau tebyg yn Atlanta a New Orleans yn 1900. Fodd bynnag, nid yn y de yn unig oedd y trais hiliol hwn yn digwydd. Cafwyd terfysgoedd hil achlysurol yn ninasoedd y gogledd fel Efrog Newydd, Philadelphia a Chicago.

Un peth arbennig o atgas a ledaenodd oedd **lynsio**. Daeth hyn i benllanw yn y 1890au: yn 1892 yn unig cafodd 235 o Americanwyr Affricanaidd eu lynsio gan

Deddfau Jim Crow
Term a ddefnyddir am y cyfreithiau oedd yn arwahanu'r hiliau ac yn gorfodi rheolaeth wleidyddol ac economaidd gan y gwynion ar Americanwyr Affricanaidd.

Lynsio Lladd anghyfreithlon gan dorf.

dorfeydd o bobl wyn. Amcangyfrifwyd rhwng 1882 a 1930 bod 2,805 o ddioddefwyr, Americanwyr Affricanaidd yn bennaf, mewn deg o daleithiau'r de. Yn aml roedd lynsio'n cael ei hwyluso drwy gydgynllwynio gan swyddogion gorfodi'r gyfraith. Roedd golygfeydd o sadistiaeth a chreulondeb yn gyffredin. Yn 1899 er enghraifft, cafodd Sam Hose, llafurwr ar blanhigfa oedd wedi lladd ei gyflogwr wrth amddiffyn ei hun, ei anffurfio a'i losgi'n fyw o flaen 2,000 o wylwyr yn Newnan, Georgia. Dim ond wedi hynny y cafodd cyhuddiad o drais rhywiol ei ychwanegu yn ei erbyn.

Yn aml roedd pobl yn y de yn cyfiawnhau lynsio drwy ei ddarlunio fel ffordd i amddiffyn rhag ymosodiadau rhywiol gan Americanwyr Affricanaidd ar fenywod gwyn. Ond roedd lynsio ar y cyfan yn cael ei gymell gan droseddau honedig eraill a'r gystadleuaeth economaidd roedd Americanwyr Affricanaidd yn ei chyflwyno i'r gwynion. Yn wir, roedd 50 o'r dioddefwyr yn fenywod Americanaidd Affricanaidd, rhai ohonyn nhw'n feichiog. Ni chafwyd neb yn euog o gymryd rhan mewn lynsio tan 1918.

Cafodd lynsio effaith ddofn ar y gymuned Americanaidd Affricanaidd, gan greu hinsawdd o ofn. Roedd hefyd yn eu hatal rhag herio cymdeithas lle roedd y gwynion yn tra-arglwyddiaethu.

Gwirio gwybodaeth 1

Ym mha ffyrdd oedd hawliau sifil Americanwyr Affricanaidd yn gyfyngedig ddiwedd y bedwaredd ganrif ar bymtheg?

Amodau cymdeithasol ac economaidd Americanwyr Affricanaidd yn 1900

Yn y de, roedd amodau gwleidyddol a chymdeithasol Americanwyr Affricanaidd erbyn 1900 wedi dirywio ers y cyfnod ar ôl y Rhyfel Cartref. Nid yn unig roedden nhw gan fwyaf wedi colli'r bleidlais, ond roedden nhw hefyd yn byw mewn cymdeithas wedi'i harwahanu ac roedd trais a bygythiadau'n ofnau parhaus. Roedd tua 85% o Americanwyr Affricanaidd yn byw yn nhaleithiau'r de lle roedd incwm y pen tua hanner y cyfartaledd cenedlaethol. Fodd bynnag, rhaid cwestiynu'r honiad nad oedd Americanwyr Affricanaidd fawr gwell eu byd nag oedden nhw o dan gaethwasiaeth:

- Mae tystiolaeth bod safonau byw Americanwyr Affricanaidd wedi gwella rhywfaint yn y 50 mlynedd ar ôl rhyddfreinio a chafwyd gostyngiad yn y cyfraddau marwolaeth.
- Erbyn 1910, roedd 20% o Americanwyr Affricanaidd yn berchen ar eu tir eu hunain.
- Roedd cynnydd sylweddol hefyd yn y nifer o fusnesau oedd yn eiddo i Americanwyr Affricanaidd rhwng 1880 a 1900.

Roedd y busnesau hynny oedd yn darparu ar gyfer cwsmeriaid Americanaidd Affricanaidd yn unig yn gwneud yn arbennig o dda mewn cymdeithas oedd wedi'i arwahanu. Ffynnodd cwmnïau yswiriant a banciau Americanaidd Affricanaidd wrth i gwmnïau oedd yn eiddo i bobl wyn wahaniaethu yn erbyn yr Americanwyr Affricanaidd, gan godi premiymau a chyfraddau llog uwch arnynt.

Yn aml roedd prifysgolion Americanaidd Affricanaidd yn cael eu cyllido gan gymdeithasau cenhadol crefyddol ac yn cael cymorth grantiau tir a dderbyniwyd yn ystod y cyfnod ail-luniad ac ar ôl hynny. Roedd symiau sylweddol hefyd wedi'u codi i wella addysg Americanwyr Affricanaidd – erbyn 1900, roedd 1.5 miliwn o Americanwyr Affricanaidd yn mynychu'r ysgol. Roedd Cronfa Peabody a Chronfa Julius Rosenwald yn cefnogi hyfforddi athrawon Americanaidd Affricanaidd ar gyfer yr ysgolion hyn. Fodd bynnag, roedd gwahaniaeth enfawr rhwng y gwariant ar ysgolion i Americanwyr Affricanaidd a'r gwariant ar ysgolion i bobl wyn.

Byddai twf busnesau Americanaidd Affricanaidd a gwelliannau mewn addysg yn cael effaith sylweddol ar yr ymateb Americanaidd Affricanaidd i oruchafiaeth y gwynion a gwahaniaethu.

Cyngor

Mae'n bwysig nodi nad oedd y profiad Americanaidd Affricanaidd yn gwbl negyddol erbyn 1900.

Pam wnaeth arwahanu hiliol a goruchafiaeth y gwynion wreiddio mor ddwfn ar ôl 1890?

Roedd nifer o resymau am hyn:

- Yn draddodiadol y Blaid Weriniaethol oedd prif gefnogwr hawliau sifil i bobl Affricanaidd Americanaidd ond roedd y gefnogaeth hon wedi dechrau pylu erbyn diwedd y cyfnod ail-luniad. Roedd pleidleisiau'r Americanwyr Affricanaidd yn llai pwysig bellach i'r Blaid Weriniaethol.

- Roedd atgofion am y Rhyfel Cartref wedi pylu, yn enwedig ar ôl 1898 pan ffurfiwyd **cenedlaetholdeb** Americanaidd newydd yn ystod y Rhyfel rhwng Sbaen ac America. Ymladdodd pobl wyn y gogledd a'r de gyda'i gilydd ond neilltuwyd yr Americanwyr Affricanaidd i unedau wedi'u harwahanu gan fwyaf. Daeth goruchafiaeth hiliol y bobl wyn yn gysylltiedig â syniadau o genedlaetholdeb yn ystod y rhyfel a chaffael tiriogaethau newydd Puerto Rico a'r Pilipinas, lle roedd tra-arglwyddiaeth pobl wyn America dros y bobl nad oedden nhw'n wyn yn cael ei ystyried yn naturiol ac yn gyfiawn.

- Tanseiliodd dyfarniadau'r Goruchaf Lys hawliau sifil Americanwyr Affricanaidd i'r fath raddau fel mai ychydig o Americanwyr Affricanaidd a gadwodd yr hawl i bleidleisio mewn nifer o etholiadau erbyn dechrau'r ugeinfed ganrif.

- Doedd dim ewyllys wleidyddol yn y llywodraeth ffederal i orfodi'r 14eg a'r 15fed Gwelliant a Deddf Hawliau Sifil 1875. Roedd materion eraill yn mynd â bryd gwleidyddiaeth. Y Blaid Ddemocrataidd oedd yn tra-arglwyddiaethu yn nhaleithiau'r de, ac ychydig o wrthwynebiad ddaeth o du gwleidyddion y gogledd i ddadryddfreinio'r Americanwyr Affricanaidd ac arwahanu hiliol.

- Ar ôl diddymu caethwasiaeth, roedd ofnau fod y genhedlaeth newydd o Americanwyr Affricanaidd yn fygythiad i'r drefn sefydledig, yn enwedig yn y de. Roedd y cyhuddiadau o drais a **hilgymysgu** yn dangos yr hyn roedd y torfeydd lynsio'n pryderu amdano fwyaf. Roedd arwahanu'n cael ei ystyried yn ddatrysiad i'r problemau a grëwyd gan gymdeithas ôl-gaethwasiaeth.

Ymateb yr Americanwyr Affricanaidd i erydu hawliau sifil

Booker T. Washington

Roedd un o'r arweinwyr Americanaidd Affricanaidd mwyaf dylanwadol, Booker T. Washington, pennaeth un o'r prif golegau Americanaidd Affricanaidd yn Tuskegee, Alabama, yn galw am ganolbwyntio ar gynnydd economaidd i Americanwyr Affricanaidd yn hytrach na chydraddoldeb cymdeithasol a gwleidyddol. Roedd yn credu y byddai addysg, yn enwedig addysg alwedigaethol gyda phwyslais ar sgiliau ymarferol, yn galluogi Americanwyr Affricanaidd nid yn unig i wella eu statws economaidd ond hefyd, yn y pen draw, i ennill parch Americanwyr gwyn.

Roedd Booker T. Washington yn ystyried bod cyflawni cydraddoldeb gwleidyddol a chymdeithasol yn nod tymor hir – yn ystod y broses hirfaith hon dylid derbyn goruchafiaeth y gwynion hyd nes y byddai cynnydd economaidd yr Americanwyr Affricanaidd yn perswadio'r Americanwyr gwyn i ildio consesiynau.

Mae'r ymagwedd hon wedi'i labelu'n 'ymaddasol' ac roedd rhai Americanwyr Affricanaidd yn ei beirniadu am fod yn rhy oddefol. Roedden nhw'n dadlau na fyddai derbyn goruchafiaeth y gwynion fyth yn newid barn a chredoau'r Americanwyr gwyn.

Cenedlaetholdeb Y syniad o ffyddlondeb i genedl.

Hilgymysgedd Perthnasoedd rhywiol rhwng hiliau gwahanol.

Gwirio gwybodaeth 2

Pam wnaeth arwahanu hiliol ledaenu yn nhaleithiau'r de ar ôl 1890?

Cyngor

Nodwch fod ymatebion amrywiol i oruchafiaeth y gwynion a gwahaniaethu'n bodoli ymhlith Americanwyr Affricanaidd.

Er hynny, roedd Booker T. Washington yn ffigur pwysig, gydag arlywyddion a gwleidyddion eraill yn ymgynghori ag e'n rheolaidd, ac roedd yn cael ei gydnabod yn llefarydd blaenllaw ar ran Americanwyr Affricanaidd. Cafodd yr Arlywydd Theodore Roosevelt ei feirniadu'n hallt yn y wasg pan wahoddodd Booker T. Washington i'r Tŷ Gwyn i gael cinio yn 1901.

Llwyddodd Booker T. Washington i sicrhau buddsoddiad gan bobl wyn o'r gogledd mewn addysg i Americanwyr Affricanaidd ac achosion eraill. Bu hyn yn help mawr i ddatblygiad Americanaidd Affricanaidd yn y proffesiynau. Er enghraifft, cynyddodd y nifer o Americanwyr Affricanaidd proffesiynol oedd yn gweithio ym maes addysg o 68,350 yn 1910 i 136,925 yn 1930.

Hefyd mae angen diwygio'r ddelwedd o Washington yn cydymffurfio, gan iddo roi cefnogaeth ddirgel i achosion llys oedd yn herio dadryddfreinio Americanwyr Affricanaidd ac yn 1904 ymladdodd achos llwyddiannus yn erbyn ymgais i eithrio Americanwyr Affricanaidd o wasanaethu ar reithgorau. O ystyried cyd-destun y cyfnod, mae'n bosibl mai cymedroldeb Booker T. Washington oedd yr unig ymateb ymarferol i gryfder goruchafiaeth y gwynion. Fodd bynnag, nid oes llawer o dystiolaeth o gynnydd economaidd gan Americanwyr Affricanaidd erbyn marwolaeth Booker T. Washington yn 1915.

W. E. B. Du Bois

Cafwyd gwrthwynebiad Americanaidd Affricanaidd i syniadau Booker T. Washington. Efallai mai'r gwrthwynebydd mwyaf sylweddol oedd W. E. B. Du Bois, Athro ym Mhrifysgol Atlanta rhwng 1896 a 1910 a'r Americanwr Affricanaidd cyntaf i ennill doethuriaeth yn Harvard.

Ymosododd ar syniad sylfaenol Booker T. Washington bod enillion economaidd yn bwysicach na chyflawni hawliau sifil. Roedd yn dadlau na ddylai Americanwyr Affricanaidd dderbyn galwedigaethau oedd yn eu diraddio, ond y dylen nhw ymgyrchu'n gadarn ac yn fwy milwriaethus dros hawliau gwleidyddol, sifil a chymdeithasol.

Yn benodol, cynigiodd y syniad y dylai elit addysgedig o arweinwyr Americanaidd Affricanaidd a alwodd y "Degfed Talentog" arwain y frwydr dros gydraddoldeb a pheidio â derbyn goruchafiaeth y gwynion yn wasaidd.

Du Bois wnaeth ysbrydoli sefydliad hawliau sifil o'r enw Mudiad Niagara ac fe'i sefydlwyd yn 1905. (Cynhaliwyd y cyfarfod cyntaf ar ochr Canada o Raeadr Niagara, gan nad oedd yr un gwesty yn UDA yn fodlon eu derbyn). Ond roedd arwyddocâd mwy parhaol i ffurfio'r *National Association for the Advancement of Coloured People (NAACP)* yn 1909, gyda Du Bois yn chwarae rôl arweiniol fel cyfarwyddwr ymchwil a chyhoeddusrwydd.

Ida B. Wells a'r ymgyrch yn erbyn lynsio

Ganwyd Ida B. Wells i deulu o gaethweision ym Mississippi yn 1862. Bu'n ymgyrchu yn y llysoedd yn erbyn arwahanu mewn cerbydau rheilffordd yn Tennessee rhwng 1884 ac 1887. Er na fu'n llwyddiannus gyda'r ymgyrch hwn, yn ddiweddarach denodd sylw cenedlaethol drwy ysgrifennu am erchyllterau lynsio.

Roedd ei hymosodiadau ar lynsio a diwylliant hiliol y de'n golygu ei bod yn darged ar gyfer dial ac fe'i gorfodwyd i adael ei chartref ym Memphis, Tennessee, a symud i Chicago yn 1892. Yn 1898 ysgrifennodd lythyr i'r Arlywydd McKinley yn mynnu

---

Gwirio gwybodaeth 3

Beth oedd y gwahaniaeth yn agweddau Booker T. Washington a W. E. B. Du Bois at gyflawni hawliau sifil i Americanwyr Affricanaidd?

ymyriad gan y llywodraeth yn nhaleithiau'r de i atal lynsio. Roedd ei lyfr, *Lynching and the Excuse*, a gyhoeddwyd yn 1901, yn hynod o ddylanwadol gan ddatgelu graddfa'r lynsio a'r rhesymau amdano.

Fodd bynnag ni chafodd y Goruchaf Lys na'r llywodraeth ffederal eu perswadio i weithredu'n effeithiol, gan ddadlau mai busnes y taleithiau lleol oedd ymdrin â'r mater.

YR NAACP

Roedd y terfysgoedd hil yn 1908 yn Springfield, Illinois yn enghraifft o'r trais parhaus rhwng Americanwyr Affricanaidd ac Americanwyr gwyn. Cafodd dau Americanwr Affricanaidd eu lynsio, llofruddiwyd chwech arall drwy ddulliau eraill, lladdwyd pedwar o bobl wyn ac anafwyd cannoedd o bobl.

Springfield oedd hen gartref Abraham Lincoln a safle ei fedd. Ysbrydolodd y terfysg ryddfrydwyr gwyn i alw am gynhadledd yn 1909, ar ganmlwyddiant geni Lincoln, i ymgyrchu dros hawliau sifil a gwrthsefyll trais hiliol. Yn sgil hyn daeth yr *NAACP* gyda maniffesto oedd yn galw am y canlynol:

- diddymu arwahanu
- ymgyrchu dros hawliau pleidleisio cyfartal i Americanwyr Affricanaidd
- ymgyrchu dros well cyfleusterau addysgol i Americanwyr Affricanaidd
- gorfodi'r 14eg a'r 15fed Gwelliant.

Daeth W. E. B. Du Bois yn olygydd cylchgrawn *NAACP Crisis* ac roedd Ida B. Wells yn gefnogwr brwd. Roedd y sefydliad yn gweld gweithredu yn y llysoedd i gyflawni hawliau sifil i Americanwyr Affricanaidd yn hynod o bwysig. Enillodd fuddugoliaethau hwyr ond pwysig yn 1915 pan ddatganodd y Goruchaf Lys bod y cymalau 'taid' yn Oklahoma a Maryland yn anghyfansoddiadol ac yn 1917 pan gafwyd datganiad bod rheoliad yn Louisville oedd yn caniatáu arwahanu preswyl yn annilys.

O'r dechreuad bach hwn datblygodd yr *NAACP* yn sefydliad cenedlaethol gyda 90,000 o aelodau erbyn y 1920au. Roedd ei lwyddiannau'n gyfyngedig hyd nes y byddai'n gallu recriwtio aelodaeth mwy o faint.

Gwirio gwybodaeth 4

Beth gyflawnwyd gan waith cynnar y NAACP a'r ymgyrchoedd yn erbyn lynsio?

Crynodeb

Pan fyddwch chi wedi cwblhau'r testun hwn dylai fod gennych wybodaeth a dealltwriaeth drylwyr o'r materion canlynol:

- y mesurau a gymerwyd i ddadryddfreinio pleidleiswyr Americanaidd Affricanaidd
- effaith penderfyniadau'r Goruchaf Lys yn y 1880au a'r 1890au ar hawliau sifil Americanwyr Affricanaidd
- cyfundrefnu arwahanu hiliol a elwir yn Ddeddfau Jim Crow
- effaith trais ar sail hil

- cyflwr gwleidyddol, cymdeithasol ac economaidd Americanwyr Affricanaidd ddechrau'r ugeinfed ganrif
- y rhesymau pam mae arwahanu hiliol a goruchafiaeth y gwynion mor gryf ar ôl 1890
- pwysigrwydd Booker T. Washington ac athroniaeth ymaddasol
- beirniadaeth W. E. B. Du Bois
- Ida B. Wells a'r ymgyrch yn erbyn lynsio
- pwysigrwydd yr NAACP a'i lwyddiannau cynnar.

Effaith mudo, y Fargen Newydd a'r rhyfel ar Americanwyr Affricanaidd, tua 1910–48

Y Mudo Mawr

Cyflymodd y symudiad torfol o Americanwyr Affricanaidd o'r de gwledig i'r canolfannau trefol yn y de a'r gogledd, a elwir y Mudo Mawr yn y cyfnod cyn ac ar ôl y Rhyfel Byd Cyntaf.

Amcangyfrifiwyd bod 500,000 o Americanwyr Affricanaidd wedi gadael y de cyn 1910 a gadawodd 500,000 arall yn ystod y Rhyfel Byd Cyntaf. Rhwng 1916 a 1960 symudodd tua 6 miliwn o Americanwyr Affricanaidd o'r de. Roedd traean o drigolion Washington erbyn 1910 yn Americanaidd Affricanaidd.

Er mai symud o'r de i'r gogledd roedd y rhan fwyaf yn ei wneud, cafwyd symud sylweddol hefyd ymhlith Americanwyr Affricanaidd o ffermydd y de i ddinasoedd y de. Erbyn 1910 roedd gan New Orleans yn y **De Eithaf** boblogaeth o dros 80,000 o Americanwyr Affricanaidd gyda mwy o Americanwyr Affricanaidd na phobl wyn yn ninasoedd y de fel Charleston, Savannah a Baton Rouge.

Er gwaethaf tynfa enfawr y Mudo Mawr i'r gogledd, mae'n bwysig cofio hefyd bod y nifer o Americanwyr Affricanaidd a arhosodd yn y de hefyd yn fawr ac yn tyfu – 8,912,000 yn 1920 a 11,312,000 erbyn 1960. Er mor bwysig oedd y Mudo Mawr, doedd dim modd newid y ffaith fod y rhan fwyaf o Americanwyr Affricanaidd yn parhau i fyw yn y de mewn amgylchiadau o anghydraddoldeb gwleidyddol, cymdeithasol ac economaidd.

Pam ddigwyddodd y Mudo Mawr?

Arweiniodd nifer o ffactorau at y Mudo Mawr:

- Roedd mwy o swyddi ar gael yn y gogledd oedd yn talu cyflogau sylweddol uwch. Roedd ymfudwyr oedd yn derbyn tâl o 75 sent y dydd yn pigo cotwm neu olchi dillad yn y de, yn gallu ennill yr un faint mewn awr yn y gogledd.
- Roedd dibyniaeth y de ar y diwydiant cotwm yn golygu bod gweithwyr yn agored i effeithiau gorgynhyrchu. Cafwyd cwymp sylweddol ym mhrisiau cotwm yn 1913–15 ac yn 1920. Cafodd hyn effaith ar gyflogau'r Americanwyr Affricanaidd hynny oedd yn pigo cotwm.
- Gyda dechrau'r Rhyfel Byd Cyntaf yn 1914 cyfyngwyd ar lif yr ymfudwyr o Ewrop i'r gogledd gan greu prinder gweithwyr. Anfonodd cwmnïau yn y gogledd recriwtwyr i'r De Eithaf i chwilio am weithwyr i lenwi swyddi y byddai ymfudwyr o Ewrop yn eu gwneud fel arfer.
- Roedd gobaith am fywyd gwell yn rheswm pwerus dros adael y de gwledig. Roedd yn golygu dianc rhag bygythiad lynsio, sarhad cyfreithiau Jim Crow a gormes peoniaeth ddyled.
- Roedd twf cymunedau Americanaidd Affricanaidd mewn dinasoedd yn y gogledd yn fagned i eraill ddilyn.

Effaith y Rhyfel Byd Cyntaf

Pan ymunodd UDA â'r Rhyfel Byd Cyntaf yn 1917, cofrestrwyd 2 filiwn o Americanwyr Affricanaidd yn y **drafft** milwrol, a gwasanaethodd 367,000 o'r rhain yn y lluoedd arfog. Roedd yr atgof o Ryfel Cartref America, lle arweiniodd ymrestru Americanwyr Affricanaidd at newidiadau sylweddol yn eu statws o fewn cymdeithas, yn cynnig gobaith y byddai newid yn dod yn sgil y rhyfel hwn hefyd.

Cyngor

Nodwch beth newidiodd a beth na newidiodd i Americanwyr Affricanaidd yn ystod y Mudo Mawr.

Y De Eithaf Taleithiau caethweision blaenorol (Cydffederal).

Peoniaeth ddyled Yr arfer o gadw ffermwyr Americanaidd Affricanaidd mewn dyled a dibyniaeth barhaus drwy eu gorfodi i dalu prisiau uwch am ddeunyddiau amaethyddol hanfodol.

Gwirio gwybodaeth 5

Pam ddigwyddodd y Mudo Mawr?

Drafft Gorfodaeth filwrol.

Fodd bynnag, ni chafodd y rhan fwyaf o Americanwyr Affricanaidd eu neilltuo i unedau brwydro. Defnyddiwyd y mwyafrif mewn unedau llafur, yn cefnogi'r milwyr llinell flaen, gan gloddio ffosydd neu adeiladu ffyrdd a phontydd.

Roedd hiliaeth wedi ymwreiddio yn yr Adran Rhyfel. Roedd y llynges yn derbyn Americanwyr Affricanaidd fel gweithwyr arlwyo'n unig. Mynnodd cadlywydd byddin America yn Ffrainc, y Cadfridog Pershing, gael unedau ar wahân a dywedodd wrth ei gynghrair Ffrengig bod Americanwr Affricanaidd 'yn cael ei ystyried yn fod israddol gan yr Americanwr gwyn'.

Fodd bynnag, ymladdodd yr Harlem Hellfighters (369 catrawd), uned frwydro Americanaidd Affricanaidd wedi'i harwahanu, yn hirach ar y llinell flaen nag unrhyw uned Americanaidd arall, ac roedd yn un o'r unedau Americanaidd Affricanaidd a enillodd fwyaf o anrhydeddau.

Pan ofynnodd yr Arlywydd Wilson i'r Gyngres gyhoeddi rhyfel yn erbyn yr Almaen ym mis Ebrill 1917, roedd wedi datgan bod 'rhaid diogelu'r byd ar gyfer democratiaeth'. Ym mis Gorffennaf 1917 cafwyd gorymdaith dawel o 15,000 o Americanwyr Affricanaidd yn Efrog Newydd yn protestio yn erbyn lynsio gyda arwyddion yn dweud 'Mr Arlywydd, pam na allwn ni ddiogelu America ar gyfer democratiaeth?'

Yn sgil y Rhyfel Byd Cyntaf ni welwyd y gwelliannau ym mywydau'r Americanwyr Affricanaidd yr oedd pobl wedi gobeithio amdanyn nhw. Yn lle hynny roedd ofnau eang ymhlith y gymuned wyn yn UDA am y gystadleuaeth am swyddi a thai yn y gogledd, problemau'r economi ar ôl y rhyfel a dyfodiad comiwnyddiaeth (y 'Bygythiad Coch'). Cafwyd terfysgoedd hil ffyrnig yn ninasoedd y gogledd.

Effaith y Mudo Mawr

Gelyniaeth hiliol

Er bod y mudo i'r gogledd wedi'i ysbrydoli'n bwerus gan gred mewn bywyd gwell, yn aml roedd Americanwyr Affricanaidd yn wynebu gelyniaeth hiliol ffyrnig. Wrth i'r mudo gynyddu, roedd poblogaethau Americanaidd Affricanaidd yn dwysau mewn getos yn y dinasoedd mawr, fel Harlem yn Efrog Newydd, a South Side yn Chicago. Roedd y crynodiadau enfawr hyn o boblogaeth (yn y geto yn Chicago roedd 90,000 o bobl yn byw mewn 1 filltir sgwâr) yn creu amgylchiadau dychrynllyd gyda glanweithdra ac addysg wael a chyfraddau uchel o afiechyd, troseddu a thramgwyddo.

Daeth arwahanu'n fwy cyffredin yn y gogledd gydag Americanwyr Affricanaidd yn cael eu hatal rhag mynd i mewn i westai, tai bwyta, parciau a mannau cyhoeddus eraill. Sefydlodd Americanwyr Affricanaidd eu cyfleusterau eu hunain - eglwysi, busnesau, sefydliadau lles a'u gwasg eu hunain. Drwy'r gogledd yn gyfan, cafodd ysgolion eu arwahanu fwyfwy. Cyn y Mudo Mawr, yn Chicago roedd y rhan fwyaf o Americanwyr Affricanaidd yn mynychu ysgolion cymysg; erbyn 1930, roedd 82% o fyfyrwyr Americanaidd Affricanaidd Chicago mewn ysgolion cwbl Americanaidd Affricanaidd. Digwyddodd yr un peth mewn dinasoedd gogleddol eraill.

Yn aml byddai'r tensiwn cymdeithasol dilynol yn ffrwydro'n drais hiliol. Cafwyd un o'r terfysgoedd mwyaf yn Chicago ym mis Gorffennaf 1919 ar ôl i nofiwr Americanaidd Affricanaidd gyrraedd traeth ar gyfer pobl wyn yn unig ar Lyn Michigan ar ddamwain a chael ei guro i farwolaeth. Cafwyd pythefnos o derfysg a bu'n rhaid galw ar y lluoedd ffederal: lladdwyd 23 o Americanwyr Affricanaidd a 15 o Americanwyr gwyn ac anafwyd cannoedd o bobl.

Comiwnyddiaeth Cred wleidyddol mewn rheolaeth a chynllunio'r economi gan y wladwriaeth a chymdeithas gyfartal.

Geto Ardal drefol gydag aelodau o'r un grŵp hiliol neu ethnig yn byw yno gan fwyaf.

Gwrthsafiad Americanaidd Affricanaidd

Yr hyn a wnaeth yr arwahanu yn y lluoedd arfog a'r trais yn UDA cyn ac ar ôl y rhyfel oedd annog ymwybyddiaeth gref ymhlith Americanwyr Affricanaidd o'u statws isel ac hefyd eu cymell i wrthwynebu gormes ac ymgyrchu yn ei erbyn. Nid oedd trais gan y gwynion yn cael ei dderbyn yn oddefol bob amser, ac yn aml byddai Americanwyr Affricanaidd yn ymateb iddo mewn ffordd llawer mwy trefnus.

Roedd yr ymateb Americanaidd Affricanaidd i derfysg Chicago yn enghraifft o'r dueddd hon, fel oedd achos enwog *Sweet* yn 1925. Roedd Ossian Sweet, meddyg Americanaidd Affricanaidd yn Detroit, wedi prynu tŷ mewn stryd i'r gwynion yn unig. Amgylchynnodd torf o 2,000 o bobl y tŷ gan saethu ato. Saethodd Sweet yn ôl a lladd un dyn gwyn. Mewn achos llys hynod ddadleuol cafwyd ef yn ddieuog, er na allodd ddychwelyd i'r tŷ ar ôl hynny.

Actifiaeth NAACP

Anogwyd gweithredoedd yr *NAACP* hefyd gan benderfyniad cynyddol yr Americanwyr Affricanaidd i wrthsefyll gormes. Ymgyrchodd ysgrifennydd maes newydd, James Johnson, yn frwd yn ystod blynyddoedd y rhyfel, gan agor canghennau o'r *NAACP*. Erbyn 1919 roedd dros 300 o ganghennau a 90,000 o aelodau, deg gwaith yn fwy nag yn 1916.

Mudo parhaus

Er gwaethaf trais ac amodau byw gwael getos yn y gogledd, roedd cyfleoedd swyddi yn y gogledd yn parhau i ddenu ymfudwyr. Erbyn 1926 roedd y Ford Motor Company yn Detroit wedi ychwanegu 10,000 o Americanwyr Affricanaidd at y gweithlu. Erbyn 1928 roedd gan 3,400 o Americanwyr Affricanaidd swyddi gyda'r llywodraeth yn Chicago, y rhan fwyaf mewn swyddfeydd post. Yn Efrog Newydd roedd dros 2,000 o Americanwyr Affricanaidd yn gweithio i ysgolion y ddinas, yr heddlu a gwasanaethau dinesig eraill.

Fodd bynnag, cafodd nifer fawr o Americanwyr Affricanaidd eu hatal rhag ymgeisio am swyddi coler wen. Gosododd undebau llafur gyfyngiadau hiliol ar aelodaeth ac roedd llawer o gyflogwyr yn gwrthod yn lân â chyflogi Americanwyr Affricanaidd, yn rhannol oherwydd rhagfarn ac yn rhannol oherwydd gwrthwynebiad eu gweithwyr gwyn.

> **Cyngor**
>
> Cofiwch esbonio pam fod mudo i'r gogledd wedi parhau er gwaethaf gelyniaeth hiliol eang.

Mân newid gwleidyddol a chymdeithasol

Cafwyd rhai arwyddion fod y mudo i'r gogledd wedi arwain at fân newidiadau i statws gwleidyddol a chymdeithasol Americanwyr Affricanaidd. Yn Chicago, defnyddiodd Americanwyr Affricanaidd eu hawliau democrataidd i'r eithaf a hynny drwy bleidleisio. Erbyn y 1930au, roedd 60% o Americanwyr Affricanaidd yn cymryd rhan yn etholiadau Chicago. Daeth Oscar de Priest yn henadur Americanaidd Affricanaidd cyntaf Chicago yn 1915 ac yn 1928 etholwyd ef yn yr aelod Americanaidd Affricanaidd cyntaf o gyngres UDA yn yr ugeinfed ganrif.

Trefnodd A. Philip Randolph yr undeb llafur Americanaidd Affricanaidd cyntaf yn 1925 – *The Brotherhood of Sleeping Car Porters and Maids*, a lwyddodd i sicrhau cydnabyddiaeth a chodiadau cyflog gan Gwmni Pullman.

Marcus Garvey

Un canlyniad i wrthsafiad yr Americanwyr Affricanaidd i oruchafiaeth y gwynion oedd yr *Universal Negro Improvement Association* a sefydlwyd gan Marcus Garvey yn Jamaica. Daeth i UDA yn 1916, ar ôl creu cwmni llongau stêm o'r enw Black Star Line. Roedd yn galw'n gryf am wladwriaeth Affricanaidd ar wahân, gan gredu bod Americanwyr gwyn yn gwbl hiliol ac y dylai Americanwyr Affricanaidd ddychwelyd i Affrica.

Denodd sefydliad Garvey sylw eang ac roedd ganddo fwy o aelodau na'r *NAACP*. Roedd yn honni fod gan ei sefydliad 4 miliwn o aelodau. Er iddo gael ei garcharu a'i alltudio am dwyll yn ddiweddarach, gadawodd ar ei ôl gred mewn hunan-gymorth ac **ymwahaniaeth hiliol**. Roedd yn waddol a fyddai'n dylanwadu ar fudiad Pŵer Du yr 1960au.

Ku Klux Klan

Adfywiwyd y Ku Klux Klan yn ystod y blynyddoedd cyn y Rhyfel Byd Cyntaf. Mewn awyrgylch o ddirwasgiad economaidd ar ôl y rhyfel, y Bygythiad Coch a'r terfysgoedd hil, cynyddodd aelodaeth y KKK ddechrau'r 1920au i sawl miliwn. Roedd yn targedu nid yn unig Americanwyr Affricanaidd, ond hefyd Iddewon, Catholigion a thramorwyr. Ond gyda gwell amodau economaidd yn y 1920au ynghyd â sgandalau yn ymwneud ag arweinwyr y KKK, yn fuan iawn bu lleihad yn y gefnogaeth ac erbyn 1930 dim ond 30,000 o aelodau oedd ar ôl.

Effaith diwylliannol

Cafodd y symudiad enfawr yn y boblogaeth effaith diwylliannol sylweddol hefyd. Gyda datblygiad a thwf cerddoriaeth jazz, daeth cantorion a cherddorion Americanaidd Affricanaidd yn ffigurau cenedlaethol. Daeth cynhyrchu recordiau sain a phoblogrwydd radio a cherddoriaeth Louis Armstrong, Duke Ellington, Fats Waller a llawer o enwau eraill i sylw cynulleidfaoedd gwyn.

Er bod y rhain a pherfformwyr eraill yn codi proffil diwylliant Americanaidd Affricanaidd ac yn helpu i leihau'r rhwystrau oedd yn bodoli rhwng yr hiliau, dylid cofio hefyd bod stereoteipiau diwylliannol yn dal i fodoli. Roedd sioe radio *Amos and Andy* yn hynod o boblogaidd yn y 1930au ac amcangyfrifwyd bod 40 miliwn o Americanwyr yn gwrando bob nos ar y sioe 15 munud o hyd. Roedd yr actorion gwyn yn dynwared ac yn gorbwysleisio lleisiau Americanaidd Affricanaidd mewn modd comig.

Y Dirwasgiad Mawr a'r Fargen Newydd

Gyda chwymp y farchnad stoc ym mis Hydref 1929 daeth y degawd o ffyniant economaidd i ben yn UDA. Wrth i'r economi grebachu a'r galw am nwyddau gwympo, trawyd UDA gan y Dirwasgiad Mawr, ac yn fuan roedd y gyfradd diweithdra yn 25%. Addawodd yr arlywydd newydd, Franklin D. Roosevelt, a etholwyd yn 1932, 'Fargen Newydd' oedd yn cynnwys rhaglen o ddiwygiadau i'r system ariannol na welwyd ei thebyg, cefnogaeth gan y llywodraeth i ddiwydiant ac amaethyddiaeth a chyflwyno lles cymdeithasol.

Beth oedd effaith y Dirwasgiad Mawr ar Americanwyr Affricanaidd?

Cafodd y Dirwasgiad Mawr effaith aruthrol ar Americanwyr Affricanaidd, gan wrthdroi'r datblygiadau bach a fu yn eu statws cymdeithasol ac economaidd yn gynharach:

- Yn ninasoedd y gogledd, roedd cyfraddau diweithdra Americanwyr Affricanaidd yn aml ddwywaith yn uwch nag Americanwyr gwyn. Yn y de lle roedd Americanwyr Affricanaidd yn fwy dibynnol ar y diwydiant cotwm, arweiniodd cwymp prisiau cotwm yn ystod Dirwasgiad at ddiweithdra enfawr.

Gwirio gwybodaeth 6

Beth oedd canlyniadau cadarnhaol a negyddol y Mudo Mawr?

- Effeithiodd y tlodi a'r amddifadedd dilynol ar Americanwyr Affricanaidd yn y dosbarth canol is hefyd, gyda'u busnesau'n dioddef oherwydd bod cwsmeriaid yn dlotach a llai ohonynt.
- Dechreuodd y Dirwasgiad fwydo arferion cyflogaeth hiliol. Yn fuan iawn roedd yr hyn roedd Americanwyr Affricanaidd wedi'i ennill drwy sicrhau cyflogaeth yn niwydiannau'r de yn ystod y Rhyfel Byd Cyntaf wedi'i wyrdroi. Yn aml roedd arferion hiliol amlwg yn y gweithle yn ffafrio gweithwyr gwyn yn ystod y Dirwasgiad.
- Fodd bynnag, yn ystod blynyddoedd y Dirwasgiad cafwyd arwyddion o wrthsafiad cryfach gan Americanwyr Americanaidd yn erbyn y gwahaniaethu roedden nhw wedi'i ddioddef. Chwaraeodd gwaith yr *NAACP*, syniadau Marcus Garvey ac effaith diwylliant Americanaidd Affricanaidd ran yn y datblygiad hwn. Yn Chicago, dechreuwyd **boicotio** siopau oedd wedi gwrthod cyflogi Americanwyr Affricanaidd yn 1929. Profodd y boicotio hwn yn dacteg effeithiol i sicrhau cyflogaeth i Americanwyr Affricanaidd, a lledodd i 35 o ddinasoedd yn ystod y 1930au.

Beth oedd effaith y Fargen Newydd ar Americanwyr Affricanaidd?

Mae'r Fargen Newydd wedi'i beirniadu'n aml am fethu â mynd i'r afael ag anghenion Americanwyr Affricanaidd, ond cafwyd rhai datblygiadau sylweddol a chanlyniadau gwleidyddol yn sgil ei chyflwyno.

Er gwaethaf y Fargen Newydd parhaodd diweithdra ymhlith Americanwyr Affricanaidd yn uchel. Erbyn 1941, roedd 25% o weithwyr Americanaidd Affricanaidd yn dal wedi'u cofrestru'n ddi-waith yn y dinasoedd mawr. Cynlluniwyd y Ddeddf Addasu Amaethyddiaeth, (*The Agricultural Adjustment Act*) i atal gorgynhyrchu mewn amaethyddiaeth drwy gynnig cymorthdaliadau i ffermwyr i leihau eu cynhyrchiant. Arweiniodd hyn at droi allan 200,000 o gyfran–gnydwyr Americanaidd Affricanaidd yn y de yn y 1930au. Roedd y pwyllgorau oedd yn rhedeg y Ddeddf Addasu Amaethyddiaeth ar lefel leol yn aml dan arweiniad Democratiaid yn y de nad oedd ganddyn nhw unrhyw gydymdeimlad â ffermwyr tenant Americanaidd Affricanaidd.

Roedd nifer o asiantaethau'r Fargen Newydd yn aml yn gwahaniaethu yn erbyn Americanwyr Affricanaidd yn y ffordd roedden nhw'n gweithio:

- Caniataodd y Weinyddiaeth Adfer Genedlaethol (*The National Recovery Administration*) anghydraddoldeb tâl rhwng Americanwyr Affricanaidd ac Americanwyr gwyn.
- Trefnodd y Corfflu Cadwraeth Sifil wersylloedd gwaith ar wahân.
- Roedd hyd yn oed Awdurdod Dyffryn Tennessee, un o arweinwyr y Fargen Newydd, yn defnyddio lety ar wahân i Americanwyr Affricanaidd, gan sefydlu trefi enghreifftiol i'r gwynion yn unig.

Er hynny, cafodd Americanwyr Affricanaidd fudd o raglenni cymorth ac adferiad y Fargen Newydd:

- Erbyn 1935, roedd 30% o deuluoedd Americanaidd Affricanaidd yn derbyn cymorth.
- Amcangyfrifir bod y Weinyddiaeth Cynnydd Gwaith, a sefydlwyd yn 1935 i gyllido gwaith cyhoeddus, wedi sicrhau cyflogaeth i 1 miliwn o deuluoedd Americanaidd Affricanaidd.
- Amcangyfrifwyd bod traean o'r tai a gyllidwyd yn ffederal yn y 1930au wedi mynd i deuluoedd Americanaidd Affricanaidd.
- Elwodd ysgolion ac ysbytai Americanaidd Affricanaidd yn sgil buddsoddiad y Weinyddiaeth Gwaith Cyhoeddus – rhwng 1933 a 1936 gwariodd bedair gwaith yn fwy na'r hyn a wariwyd gan bob llywodraeth ers 1900 ar ysgolion ac ysbytai Americanaidd Affricanaidd.

Boicot Anwybyddu neu ynysu sefydliad, fel arfer i roi pwysau ar gwmnïau drwy leihau eu hincwm o werthu.

Gwirio gwybodaeth 7

Pam gafodd y Dirwasgiad Mawr effaith mor ddifäol ar Americanwyr Affricanaidd?

Roedd gan yr Arlywydd Roosevelt agwedd ofalus tuag at hawliau sifil – ni ddangosodd unrhyw ddiddordeb mewn deddfwriaeth hawliau sifil, ac er iddo gondemnio lynsio'n gyhoeddus, methodd â chefnogi deddfwriaeth gwrth-lynsio. Roedd yn dibynnu ar bleidleisiau Democrataidd yn y de i gael deddfwriaeth y Fargen Newydd drwy'r Gyngres, felly nid oedd am fentro colli'r gefnogaeth wleidyddol hanfodol hon. Er hynny, gwnaeth Tŷ Gwyn Roosevelt rai pethau dros yr Americanwyr Affricanaidd oedd yn symbolaidd ac yn ddylanwadol:

- Ffurfiwyd Cabinet Du i gynnig cyngor i asiantaethau'r Fargen Newydd ar faterion hil.
- Penodwyd nifer fawr o Americanwyr Affricanaidd i swyddi ffederal am y tro cyntaf.
- Cafodd arweinwyr Americanaidd Affricanaidd dylanwadol fel Mary McLeod Bethune a Robert C. Weaver swyddi pwysig yng ngweinyddiaeth Roosevelt.
- Yn 1938 llofnododd Roosevelt orchymyn gweithredol i greu Adran Hawliau Sifil yn yr Adran Gyfiawnder. Am y tro cyntaf roedd tîm o gyfreithwyr ffederal wedi'i neilltuo i drawsnewid hawliau sifil, gan ddod yn gyngheiriad effeithiol i'r *NAACP* yn ddiweddarach.
- Roedd gwraig yr Arlywydd, Eleanor Roosevelt, yn ddi-flewyn-ar-dafod yn ei gwrthwynebiad i hiliaeth a'i chefnogaeth i hawliau sifil.

Roedd yr Americanwyr Affricanaidd yn credu bod y Fargen Newydd yn fuddiol iddyn nhw, er bod y gwirionedd yn aml yn wahanol. Yn draddodiadol, roedd Americanwyr Affricanaidd wedi bod yn ffyddlon i blaid Abraham Lincoln – y Gweriniaethwyr. Yn sgil effaith y Fargen Newydd a phwysigrwydd symbolaidd cefnogaeth Tŷ Gwyn Roosevelt, cafwyd newid sylweddol yn y patrymau pleidleisio. Yn 1932, roedd 75% o Americanwyr Affricanaidd wedi pleidleisio i'r Gweriniaethwyr. Yn etholiad arlywyddol 1936, pleidleisiodd 75% o Americanwyr Affricanaidd dros y Democratiaid. Parhaodd y duedd hon yn etholiadau 1940 a 1944. Roedd y rhan fwyaf o bleidleiswyr Americanaidd Affricanaidd bellach yn cefnogi Roosevelt a'r Blaid Ddemocrataidd.

Effaith tymor hirach y Fargen Newydd, er gwaethaf diffyg cynnydd ar hawliau sifil a dadwahanu, oedd bod arweinwyr Americanaidd Affricanaidd yn sylweddoli bod potensial yng nghefnogaeth gyfyngedig y llywodraeth ffederal. Byddai profiad yr Ail Ryfel Byd yn profi'r pwynt hwn yn gliriach.

Effaith yr Ail Ryfel Byd

Dechreuodd llawer o'r rhwystrau i gydraddoldeb chwalu yn ystod y rhyfel mewn proses a fyddai'n parhau ar ôl 1945. Cynyddodd mudo gan Americanwyr Affricanaidd o'r de unwaith eto i wrth iddyn nhw gael swyddi yn niwydiannau rhyfel gogledd a gorllewin America.

Profiad ffrynt cartref yr Americanwyr Affricanaidd

Y V dwbl

Un agwedd o'r Ail Ryfel Byd oedd yn wahanol ar unwaith oedd natur gelyn UDA. Roedd rhyfel yn erbyn yr Almaen Natsïaidd a'i damcaniaethau hiliol cysylltiedig yn siŵr o godi cwestiynau am effaith hiliaeth gartref. Doedd hi ddim yn syndod i slogan a ddyfeisiwyd gan bapur newydd Americanaidd Affricanaidd, y *Pittsburgh Courier*, ddod yn symbol o ddyheadau'r Americanwyr Affricanaidd. Hwn oedd y 'V dwbl': rhaid i fuddugoliaeth dros Japan a'r Almaen gyd-fynd â buddugoliaeth dros hiliaeth gartref. Chwyddodd aelodaeth yr *NAACP* yn ystod yr Ail Ryfel Byd o 50,000 i yn agos i hanner miliwn.

Gwirio gwybodaeth 8

Pa agweddau ar y Fargen Newydd oedd yn rhoi Americanwyr Affricanaidd dan anfantais a pha agweddau oedd o fudd iddyn nhw?

Newidiadau mewn cyflogaeth

Wrth i'r rhyfel barhau, roedd llai o lafur gwyn ar gael oherwydd effaith consgripsiwn milwrol: yn raddol llenwyd y bwlch gan Americanwyr Affricanaidd. Yn haf 1942 dim ond 3% o weithwyr rhyfel UDA oedd yn Americanaidd Affricanaidd; erbyn 1945 roedd y ffigur yn 8%.

Parhaodd y gwelliant yn sefyllfa economaidd Americanwyr Affricanaidd yn ystod ac ar ôl yr Ail Ryfel Byd: cyn y rhyfel, roedd incwm Americanwyr Affricanaidd yn 41% o incwm pobl wyn ar gyfartaledd; erbyn 1949 roedd hyn wedi cynyddu i 48%.

Gorchymyn Gweithredol 8802

Hybodd y rhyfel aelodaeth Americanaidd Affricanaidd yr undebau llafur. Erbyn 1945, roedd 1,250,000 o Americanwyr Affricanaidd yn aelodau o undebau llafur. Sbardunodd y gwahaniaethu eang yn erbyn Americanwyr Affricanaidd a brofwyd yn ystod y Rhyfel Byd Cyntaf brotest fawr i atal hyn rhag digwydd eto. Cafodd ei threfnu gan A. Philip Randolph, arweinydd undeb porthorion Pullman. Gan gredu y byddai protest enfawr yn Washington yn achosi embaras i weinyddiaeth Roosevelt, yn 1941 aeth Randolph ati i fygwth y byddai 50,000 o Americanwyr Affricanaidd yn gorymdeithio yn Washington. Pe bai'r orymdaith wedi digwydd, byddai'n bropaganda rhagorol i elynion America ac yn tanseilio undod cenedlaethol.

Yn y pen draw, llofnododd Roosevelt Orchymyn Gweithredol 8802, oedd yn golygu bod rhaid i bob contract amddiffyn rhwng y llywodraeth a diwydiant gynnwys darpariaeth yn gwahardd gwahaniaethu ar sail hil wrth gyflogi gweithwyr. Sefydlwyd Pwyllgor Arferion Cyflogaeth Teg (*Fair Employment Practices Committee FEPC*) i sicrhau bod y gorchymyn gweithredol yn cael ei ddilyn. Canslwyd yr orymdaith.

Dyma'r gorchymyn arlywyddol cyntaf ar fater yn ymwneud â hil ers cyfnod yr ail-luniad. Roedd bygythiad o brotest dorfol wedi arwain at ganlyniadau sylweddol, ac roedd ymgyrchwyr hawliau sifil yn gweld arwyddocâd hyn. Cynhaliwyd arolwg barn yn 1944 a ddangosodd fod 55% o Americanwyr bellach yn credu bod gan Americanwyr Affricanaidd yr un cyfle i wneud bywoliaeth dda ag Americanwr gwyn. Roedd agweddau yn newid.

CORE

Dilynodd mudiadau newydd arweiniad gan lwyddiant Randolph. Sefydlwyd y Gyngres Cydraddoldeb Hiliol (*Congress of Racial Equality CORE*) yn 1942. Roedd y mudiad hwn yn credu mewn protestiadau di-drais yn erbyn gwahaniaethu ar sail hil. Arweiniodd protestiadau eistedd (*sit-ins*) a drefnwyd gan *CORE* yn 1943 at ddadwahanu mewn sinemâu a thai bwyta yn Detroit, Denver a Chicago. Hyd yma, fodd bynnag, nid oedd y grŵp yn herio gwahaniaethu yn y de.

Actifiaeth NAACP

Yn y cyfamser roedd yr *NAACP* yn parhau â'i ymgyrch yn defnyddio tactegau propaganda, pwysau ac achosion cyfreithiol. Roedd canlyniadau pwysig i ddau achos Goruchaf Lys a noddwyd gan yr *NAACP*:

- *Gaines* v *Canada* (1938) lle datganwyd bod 'ar wahân ond cyfartal' yn gorfod bod yn wirioneddol gyfartal. Galluogodd hyn yr *NAACP* i noddi achosion llys yn erbyn gwahaniaethu wrth dalu cyflogau athrawon. Erbyn 1946 roedd cyflogau athrawon Americanaidd Affricanaidd yn nhaleithiau'r de wedi codi i 79% o gyflogau athrawon gwyn yn y de.
- Yn *Smith* v *Allwright* (1944) dyfarnodd y Goruchaf Lys fod y rhagetholiad i'r gwynion yn unig lle cafodd Americanwyr Affricanaidd eu hatal rhag pleidleisio

Gorchymyn gweithredol Mae gan yr arlywydd bŵer gweithredol i wneud gorchymyn sydd â phŵer y gyfraith wrth weithredu'r llywodraeth ffederal. Mae'n agored i adolygiad barnwrol.

Rhagetholiad Etholiad lle mae'r pleidleiswyr yn dewis ymgeiswyr i ymladd etholiadau taleithiol a ffederal.

yn anghyfansoddiadol. O hyn ymlaen gallai Americanwyr Affricanaidd gofrestru i bleidleisio yn yr unig etholiad oedd o bwys iddyn nhw yn y de sef lle roedd y Democratiaid yn gryf. Er bod cynnydd dramatig yn y nifer o Americanwyr Affricanaidd a gofrestrodd i bleidleisio yn ystod blynyddoedd y rhyfel, roedd rhwystrau pwysig yn dal i wynebu pleidleiswyr Americanaidd Affricanaidd. Y rhwystr mwyaf oedd y profion llythrennedd a chyfyngiadau treth y pen.

Trais Hiliol

Roedd y mudo parhaus i ddinasoedd y gogledd a'r cynnydd a wnaed gan ymgyrchwyr hawliau sifil yn denu ymateb. Digwyddodd y trais gwaethaf yn 1943 yn Detroit, canolbwynt y diwydiant ceir oedd wedi'i newid i gynhyrchu cerbydau milwrol. Creodd dyfodiad 50,000 o weithwyr Americanaidd Affricanaidd yn ogystal â chyfran uchel o weithwyr gwyn o'r de, densiwn hiliol a ffrwydrodd gyda gwrthdaro mewn parc adloniant ym mis Mehefin 1943. Lledaenodd trais drwy'r ddinas gyfan: erbyn y diwedd roedd 25 o Americanwyr Affricanaidd a naw o Americanwyr gwyn yn farw, 800 o bobl wedi'u hanafu, achoswyd gwerth $2 miliwn o ddifrod, a chollwyd hanner miliwn o oriau gwaith o'r diwydiant rhyfel. Roedd rhaid i Roosevelt gyhoeddi stad o argyfwng ac anfon milwyr ffederal i adfer trefn.

Er bod y digwyddiadau yn Detroit yn anffodus yn debyg i achosion blaenorol o drais hiliol yn UDA, nododd sylwebwyr fod gwrthsafiad yr Americanwyr Affricanaidd yn fwy ffyrnig. Denodd y digwyddiad gyhoeddusrwydd sylweddol mewn gwledydd eraill gan beri embaras i lywodraeth UDA oedd wedi ei chyflwyno ei hun fel 'arsenal democratiaeth'.

Profiad milwrol yr Americanwyr Affricanaidd yn yr Ail Ryfel Byd

Ar yr olwg gyntaf, doedd profiad milwrol yr Americanwyr Affricanaidd ddim yn edrych yn wahanol i brofiad chwerw'r Rhyfel Byd Cyntaf. Arweiniodd triniaeth yr Americanwyr Affricanaidd yn y de at derfysg hiliol a effeithiodd ar naw gwersyll hyfforddi milwrol yn 1943. Mynnodd y fyddin arwahanu, gan hyd yn oed drefnu banciau gwaed y Groes Goch ar wahân. Roedd sylwebwyr yn gwbl ymwybodol o'r eironi mai dyn Americanaidd Affricanaidd, Dr Charles Drew, oedd wedi dyfeisio'r drefn ar gyfer storio plasma gwaed.

Fodd bynnag, crëwyd mwy o unedau ymladd Americanaidd Affricanaidd nag yn ystod y Rhyfel Byd Cyntaf: bu 22 yn gwasanaethu yn Ewrop. Yn ystod argyfwng Brwydr Bulge yn 1944, pan wrth-ymosododd yr Almaen ar fyddin Americanaidd oedd dan bwysau, llaciodd y fyddin ei pholisi arwahanu gan ganiatáu i filwyr Americanaidd gwyn ac Affricanaidd ymladd gyda'i gilydd ar y llinell flaen. Ar ôl y frwydr, bu'n rhaid i'r Americanwyr Affricanaidd ddychwelyd i'w hunedau ar wahân.

Caniataodd yr Adran Rhyfel i Americanwyr Affricanaidd hyfforddi fel peilotiaid yn Tuskegee, Alabama. Gan wasanaethu mewn uned ar wahân, enillodd peilotiaid Tuskegee gydnabyddiaeth a chyhoeddusrwydd eang am eu perfformiad yn y rhyfel yn Ewrop.

Erbyn diwedd 1944 roedd byddin UDA o dros 11 miliwn o ddynion yn cynnwys 701,678 o Americanwyr Affricanaidd. Roedd y llynges yn cynnwys 165,000 o Americanwyr Affricanaidd ac ar ôl 1944, caniatawyd rhywfaint o integreiddio. Cafodd Americanwyr Affricanaidd gofrestru gyda Chorfflu'r Llynges a Gwylwyr y Glannau am y tro cyntaf.

Erbyn diwedd y rhyfel, roedd 1 miliwn o gyn-filwyr Americanaidd Affricanaidd wedi ennill budd-daliadau (drwy'r **Bil Hawliau GI**) ar gyfer addysg, tai a gofal iechyd. Roedd hyn yn addo dyfodol economaidd mwy disglair iddynt.

Gwirio gwybodaeth 9

Beth oedd yn arwyddocaol am brofiad Americanwyr Affricanaidd ar y ffrynt cartref yn ystod yr Ail Ryfel Byd?

Bil Hawliau GI Cyfraith a basiwyd gan y Gyngres yn 1944 yn gwarantu benthyciadau i filwyr Americanaidd (GIs) i fynychu'r coleg neu hyfforddiant galwedigaethol.

Roedd profiad rhyfel yr Americanwyr Affricanaidd wedi chwalu rhwystrau, codi disgwyliadau ac wedi dangos potensial protestiadau torfol a pharodrwydd y llywodraeth ffederal i ymateb i'r pwysau hynny. Roedd darganfod gwersylloedd marwolaeth y Natsïaid yn Ewrop ddiwedd yr Ail Ryfel Byd wedi dangos canlyniad hiliaeth i Americanwyr ac roedd rhagfarn hiliol yn cael ei chwestiynu'n fwy nag erioed.

Yr Arlywydd Truman a hawliau sifil

Ym mis Ebrill 1945 bu farw'r Arlywydd Roosevelt yn sydyn ac fe'i olynwyd gan ei is-arlywydd, Harry S. Truman. Er ei fod yn ymwybodol iawn o'r rhaniadau yn ei Blaid Ddemocrataidd ar fater hawliau sifil, roedd Truman am weld gyfiawnder. Fe arweiniodd ei ymwybyddiaeth o bwysigrwydd cynyddol y bleidlais Americanaidd Affricanaidd a'i deyrngarwch i syniadau'r Fargen Newydd iddo sefydlu comisiwn yn 1946 i'w gynghori ar hawliau sifil. Roedd adroddiad y comisiwn yn 1947, yn mynnu gweithredu brys.

Cefnogodd Truman ganfyddiadau'r comisiwn yn gyhoeddus, ac ym mis Chwefror 1948 anfonodd neges at y Gyngres yn argymell:

- diwedd ar arwahanu mewn teithiau rhwng taleithiau
- cyfraith i wneud lynsio'n drosedd ffederal
- FEPC parhaol.

Ni chafodd y ddeddfwriaeth ei phasio yn y Gyngres, ond llofnododd Truman ddau Orchymyn Gweithredol: 9980 oedd yn dileu gwahaniaethu mewn cyflogaeth ffederal a 9981 oedd yn gorchymyn dileu arwahanu yn y lluoedd arfog. Er mai yn araf y gweithredwyd ar y gorchmynion, roedd ei weithredoedd yn dangos yr ymrwymiad cryfaf i hawliau sifil a fu gan unrhyw arlywydd ers Lincoln. Arweiniodd hyn at golli cefnogaeth y Democratiaid mewn pedair talaith allweddol yn y de yn etholiad arlywyddol 1948. Cawsant eu galw yn *Dixiecrats*, ac fe enwebon nhw eu hymgeisydd eu hunain yn arlywydd, sef y Llywodraethwr Strom Thurmond o Dde Carolina. Enillodd Truman yr etholiad o drwch blewyn yn unig.

Gwirio gwybodaeth 10

Sut oedd profiad Americanwyr Affricanaidd yn wahanol yn ystod yr Ail Ryfel Byd i'w profiad yn y Rhyfel Byd Cyntaf?

Dixiecrats Llysenw a roddwyd i Ddemocratiaid oedd yn gwrthwynebu dadwahanu, ar sail y term slang 'Dixie' am 'y Taleithiau Cydffederal'.

Cyngor

Cofiwch ddadansoddi arwyddocâd tymor hirach y Fargen Newydd a'r Ail Ryfel Byd i Americanwyr Affricanaidd.

Crynodeb

Pan fyddwch chi wedi cwblhau'r testun hwn dylai fod gennych wybodaeth a dealltwriaeth drylwyr o'r materion canlynol:

- y rhesymau dros y Mudo Mawr
- effaith y Rhyfel Byd Cyntaf
- arwyddocâd y Mudo Mawr
- effaith y Dirwasgiad Mawr
- pwysigrwydd y Fargen Newydd
- arwyddocâd y profiad Americanaidd Affricanaidd yn ystod yr Ail Ryfel Byd
- arwyddocâd ymyrraeth yr Arlywydd Truman mewn hawliau sifil.

Hawliau sifil i Americanwyr Affricanaidd, 1954–68

Y Goruchaf Lys a *Brown v Bwrdd Addysg Topeka, Kansas* (1954)

Roedd ymgyrchwyr yn yr *NAACP* wedi apelio'n rheolaidd i'r llysoedd am benderfyniadau yn erbyn arwahanu a gwahaniaethu hiliol. Roedd wedi dod yn gwbl amlwg bod ysgolion wedi'u harwahanu ymhell iawn o fod yn gyfartal o ran cyllido ac adnoddau.

Cefnogodd yr *NAACP* Oliver Brown o Topeka, Kansas. Roedd rhaid i'w ferch Linda fynd i ysgol ar wahân, 21 bloc i ffwrdd, pan oedd ysgol i blant gwyn saith bloc yn unig o'i chartref. Gyda 12 o rieni eraill yn ymuno, daeth yr achos yn y pen draw i'r Goruchaf Lys yn 1954.

Ar 17 Mai, 1954 gwyrdrôdd dyfarniad y Goruchaf Lys y cysyniad 'ar wahân ond cyfartal'. Derbyniodd y Prif Ustus, Earl Warren, dystiolaeth yr *NAACP* fod arwahanu'n niweidiol yn seicolegol ac yn creu teimladau israddol ymhlith y myfyrwyr.

Er bod rhywfaint o'r dystiolaeth o niwed seicolegol a gyflwynwyd i'r llys yn seiliedig ar ymchwil amheus, roedd nifer o ffactorau wedi arwain ar y dyfarniad llys hwn:

- Arweinyddiaeth y prif ustus newydd, Earl Warren. Penodwyd Warren gan yr Arlywydd Eisenhower, nad oedd wedi deall cymaint oedd angerdd Warren am gyfiawnder cymdeithasol. Fel twrnai cyffredinol California, roedd Warren yn gyfrifol am osod nifer fawr o Americanwyr Japaneaidd dan gadwedigaeth yn ystod yr Ail Ryfel Byd. Roedd yn benderfyniad roedd yn ei ddifaru'n chwerw a chafodd ei agweddau at hawliau sifil eu newid gan y profiad hwn.
- Penodi aelodau o'r Goruchaf Lys oedd yn cydymdeimlo â syniadau rhyddfrydol.
- Eiriolaeth perswadiol Thurgood Marshall, gŵr profiadol oedd wedi gweithio'n gyson i *NAACP* ers 1935.
- Effaith y Rhyfel Oer. Roedd honiad UDA mai nhw oedd yn arwain y byd rhydd yn edrych yn rhagrithiol pan oedd yn gwrthod hawliau sifil sylfaenol i'w dinasyddion ei hun. Roedd arwahanu'n niweidio enw da America yn y byd, a chyfeiriodd o leiaf un ustus Goruchaf Lys at hyn yn nyfarniad Brown.

Beth oedd effaith penderfyniad Brown?

Goblygiadau'r dyfarniad

Cafodd natur symbolaidd penderfyniad Brown ei chydnabod yn syth. Roedd yn cael ei ystyried yn fuddugoliaeth wych i'r *NAACP* nid yn unig am ei fod yn dileu'r sail gyfreithiol ar gyfer arwahanu mewn ysgolion, ond hefyd am ei fod yn awgrymu ei bod yn bosibl dyfarnu bod arwahanu a gwahaniaethu ym mhob maes bellach yn anghyfansoddiadol.

Er nad oedd y llys wedi gosod dyddiad penodol ar gyfer cyflawni dadwahanu, mewn dyfarniad dilynol roedd wedi dweud y dylid rhoi hyn ar waith 'gyda phob brys bwriadol'.

Dadwahanu

Yn nhaleithiau ffiniol y de cychwynnodd y dadwahanu. Erbyn diwedd 1957, roedd 723 o ysgolion wedi'u dadwahanu yn yr ardaloedd hynny. Ond yn y De Eithaf, roedd gwrthwynebiad ffyrnig i ddadwahanu. Erbyn 1957 roedd llai na 12% o'r 6,300 o ddalgylchoedd ysgol yn y taleithiau hynny wedi'u hintegreiddio. Mewn saith talaith yn y de doedd dim un disgybl Americanaidd Affricanaidd wedi'i dderbyn i ysgol i'r gwynion.

Gwrthwynebiad i ddadwahanu

Daeth gwrthwynebiad chwerw a chryf i ddadwahanu o gyfeiriad Cynghorau'r Dinasyddion Gwyn oedd ag aelodaeth o 250,000 erbyn 1956. Er eu bod yn gwrthwynebu'r trais yn gyhoeddus, yn ymarferol ni wnaeth y cynghorau fawr i'w atal nac i ddwyn y cyflawnwyr i gyfiawnder.

Cyngor

Cofiwch esbonio'r rhesymau pam roedd y Goruchaf Lys yn newid ei safbwynt ar hawliau sifil erbyn y 1950au.

Ehangodd y Ku Klux Klan yn sylweddol yn ystod y cyfnod hwn. Cafwyd protestiadau treisiol gan bobl wyn yn y de yn ystod 1955 a 1956. Yn Clinton, Tennessee, yn 1956 bu torfeydd o bobl wyn yn brawychu plant Americanaidd Affricanaidd oedd yn ceisio mynd i'r ysgol. Er bod y Gwarchodlu Cenedlaethol yn gorfodi trefn, parhaodd trais a bygythiadau'r KKK yn yr ardal hon ac ardaloedd eraill am flynyddoedd.

Llwyddodd rhai ardaloedd yn y de i osgoi dyfarniad *Brown* yn llwyr drwy gau holl ysgolion y wladwriaeth. Gwnaeth Prince Edward County, Virginia hynny yn 1959, gan gynnig addysg breifat i'r plant. Felly doedd dim modd i Americanwyr Affricanaidd gael addysg ffurfiol o gwbl gan na fyddai talu ffioedd ysgol yn ddewis realistig iddyn nhw.

Gwrthsafiad gwleidyddol

Cafwyd arwydd pwerus o wrthwynebiad gwleidyddion y de i ddadwahanu yn 1956 pan lofnododd 19 o 22 seneddwr o'r de, a 82 o 106 o gyngreswyr yn Nhŷ'r Cynrychiolwyr 'Faniffesto'r De', oedd yn cyhuddo'r Goruchaf Lys o gamddefnyddio ei rym. Roedd yn addunedu i ddefnyddio pob modd cyfreithlon i wrthwynebu gweithrediad ei benderfyniad. Dim ond un allan o dri o seneddwyr o'r de a wrthododd lofnodi sef Lyndon Johnson o Texas.

Yr Arlywydd Eisenhower a hawliau sifil

Roedd yr Arlywydd Eisenhower (1953–61) yn credu bod agweddau hiliol mor ddisymud fel y byddai'n cymryd amser hir i'r berthynas rhwng yr hiliau wella ac y byddai dyfarniad *Brown* yn gwneud pethau'n waeth. Roedd yn erbyn ei natur i ddefnyddio gweithred ffederal i orfodi *Brown*, gan gredu mai llywodraethau'r taleithiau oedd â chyfrifoldeb am hyn.

Fodd bynnag, ym mis Medi 1957 cafodd ei orfodi i ymyrryd pan oedd trais torfol a bygythiadau'n peryglu dadwahanu ysgolion yn Little Rock, Arkansas. Roedd maer Little Rock a'r Bwrdd Ysgolion wedi cynllunio i ddadwahanu'r ysgolion lleol. Roedd llywodraethwr Arkansas, Orval Faubus, yn anghytuno a gorchmynodd y Gwarchodlu Cenedlaethol i atal plant Americanaidd Affricanaidd rhag mynychu'r Ysgol Uwchradd Ganolog. Ceisiodd y plant fynd i mewn i'r ysgol gyda thorf o bobl wyn yn gweiddi o'u cwmpas, ond fe'u gwrthodwyd gan y Gwarchodwyr. Dangoswyd y golygfeydd hyn ar draws y byd ar y teledu.

Yn anfodlon, anfonodd Eisenhower 1,100 o awyrfilwyr i Arkansas a ffederaleiddiodd y Gwarchodlu Cenedlaethol i sicrhau y gallai'r bobl ifanc Americanaidd Affricanaidd fynychu'r ysgol. Dyma'r tro cyntaf ers yr ail-lunio i arlywydd anfon milwyr i'r de i ddiogelu hawliau sifil Americanwyr Affricanaidd.

Yn 1958-59 caeodd y Llywodraethwr Faubus holl ysgolion Little Rock yn hytrach na gweld dadwahanu yn y ddinas. Bu'n rhaid aros tan fis Mehefin 1959 i'r Llys Ffederal ddyfarnu bod hyn yn anghyfansoddiadol a chafodd yr ysgolion uwchradd cyhoeddus eu hail-agor.

Cofrestru pleidleiswyr

Roedd llwyddiant yr ymdrechion i gynyddu nifer y cofrestriadau ymhlith pleidleiswyr Americanaidd Affricanaidd yn boenus o araf. Er bod y niferoedd yn codi'n gyson a bod ffigur 1957 ddwywaith yn fwy na 1947, yn y De Eithaf roedd swyddogion taleithiol yn atal y rhan fwyaf o Americanwyr Affricanaidd rhag pleidleisio. Pasiwyd Deddf Hawliau Sifil yn y Gyngres yn 1957, ond roedd yn rhy wan: doedd dim un pleidleisiwr Americanaidd Affricanaidd wedi'i ychwanegu at y gofrestr bleidleisio yn y de erbyn 1959.

Cyngor

Mae'n werthfawr deall pam fod gweithredu achos *Brown* wedi achosi problemau sylweddol i'r llywodraeth ffederal a llywodraethau taleithiau'r de.

Canlyniadau

Doedd dyfarniadau'r Goruchaf Lys ar eu pen eu hunain ddim yn gallu gorfodi newidiadau mawr heb weithredu pellach gan y Gyngres i sicrhau bod y gyfraith yn cael ei rhoi ar waith mewn ardaloedd lleol. Ar ôl Little Rock, y casgliad y daeth llawer o Americanwyr Affricanaidd iddo oedd mai gweithredu uniongyrchol di-drais oedd yr unig ffordd i sicrhau diwedd ar arwahanu a gwahaniaethu.

Boicot bysiau Montgomery

Fel y rhan fwyaf o ddinasoedd y de, roedd Montgomery Alabama'n gorfodi deddfau Jim Crow yn llym. Roedd y gymuned Americanaidd Affricanaidd yn ddibynnol iawn ar drafnidiaeth bysiau ac roedd y cwmni bysiau'n gweithredu rheolau oedd yn gorfodi Americanwyr Affricanaidd i eistedd yng nghefn y bws gydag Americanwyr gwyn yn eistedd yn y blaen. Ers blynyddoedd roedd y gymuned Americanaidd Affricanaidd yn anhapus gyda'r arfer hwn a thra oedd yr *NAACP* yn lleol yn paratoi i gyflwyno her gwrthododd un o'i ymgyrchwyr, Rosa Parks, gweithiwr siop 45 oed, ildio'i sedd i deithiwr gwyn ar 1 Rhagfyr, 1955. Cafodd ei harestio a chymrodd yr *NAACP* ei hachos.

Penderfynwyd cefnogi Rosa Parks drwy foicotio'r bysiau. Dewiswyd boicot fel ymateb di-drais oedd â risg isel o ddial unigol ond oedd yn taro'r cwmni bysiau'n galed gyda cholledion ariannol trwm.

Daeth yr eglwysi Americanaidd Affricanaidd lleol yn fannau cyfarfod pwysig a datblygodd gweinidog lleol, Dr Martin Luther King, yn arweinydd a gydlynodd y boicot. Roedd e'n credu'n gryf mewn gweithredu di-drais ac roedd ei areithiau angerddol a'i gymedroldeb yn golygu ei fod, ynghyd â'i gefnogwyr, yn gallu hawlio'r tir moesol drwy bwysleisio delfrydau Cristnogol cariad a maddeuant. Roedd King yn ddigon craff i sylweddoli y byddai'r tactegau hyn yn denu cyhoeddusrwydd, yn annog pobl i ffieiddio at hiliaeth y gwynion ac yn denu cefnogaeth gan Americanwyr gwyn rhyddfrydol a chymedrol.

Roedd y boicot yn hynod o effeithiol, gan iddo ostwng incwm y cwmni bysiau'n ddifrifol, ac fel roedd King wedi rhagweld, denodd wrthwynebiad gan Gyngor y Dinasyddion Gwyn yn lleol. Arestiwyd King ar gyhuddiadau ffug, a charcharwyd cannoedd o bobl eraill am gynllwynio i arwain boicot anghyfreithlon. Taflwyd bomiau tân at gartref King. Gorymdeithiodd y Ku Klux Klan gan ddefnyddio tactegau cyfarwydd trais a bygythiadau. Carcharwyd Rosa Parks ar ôl gwrthod talu'r ddirwy am dorri cyfreithiau'r ddinas. Denodd y boicot a'r achosion llys dilynol sylw cenedlaethol. Yn rhyfeddol, parhaodd y boicot yn gadarn, gan bara am yn agos i flwyddyn – yn hirach nag unrhyw foicot blaenorol.

Ar 13 Tachwedd 1956 dedfrydodd y Goruchaf Lys fod deddfiadau Montgomery ar eistedd ar fysiau'n torri'r 14eg Gwelliant. Cafodd y bysiau eu dadwahanu a daeth y boicot i ben.

Beth oedd pwysigrwydd boicot bysiau Montgomery?

Er bod y bysiau wedi'u dadwahanu yn Montgomery, Alabama, parhaodd gweddill strwythur Jim Crow yn weithredol yn y ddinas a bu'n rhaid cael dyfarniad Goruchaf Lys i ddileu gwrthwynebiad awdurdodau'r ddinas yn y pen draw. Ar y cyfan, anwybyddodd etholiad 1956 gwestiwn hawliau sifil.

Er hynny roedd y boicot wedi dangos gweithredu cymunedol cydlynol yn wyneb gwrthwynebiad chwerw. Yn ogystal, yn sgil y boicot daeth Martin Luther King yn ffigur cenedlaethol a chafodd ei athroniaeth o brotestio di-drais lawer o sylw. Yn

Gwirio gwybodaeth 11

Beth oedd prif ganlyniadau achos *Brown*?

dilyn llwyddiant y boicot, sefydlodd Gynhadledd Arweinyddiaeth Gristnogol y De (*Southern Christian Leadership Conference – SCLC*) i barhau â'r ymgyrch yn erbyn arwahanu a gwahaniaethu yn y de. Roedd hyn yn wahanol i strategaeth yr *NAACP* o ddefnyddio achosion llys, gan fanteisio ar bŵer a dylanwad sylweddol yr eglwysi Americanaidd Affricanaidd. Roedd hefyd yn canolbwyntio ar y de, lle roedd King a'i ddilynwyr yn credu bod rhaid wynebu Jim Crow a'i ddinistro.

Gwirio gwybodaeth 12

Pam fod boicot bysiau Montgomery mor bwysig yn esblygiad yr ymgyrch dros hawliau sifil?

Y mudiad hawliau sifil 1957-63

Martin Luther King

Gobaith Martin Luther King a'r *SCLC* oedd y byddai mwy o weithredu uniongyrchol ar ffurf protestiadau di-drais yn dod â chanlyniadau cyflymach na gweithredu mwy bwriadol yr *NAACP* drwy'r llysoedd.

Trefnodd King brotestiadau yn Albany, Georgia yn 1961-62. Fodd bynnag, gwrthododd pennaeth yr heddlu lleol, Laurie Pritchett, orymateb ac roedd yn ofalus i osgoi gwrthdaro o flaen camerâu teledu, gan drefnu hyd yn oed i King gael ei ryddhau ar fechnïaeth o'r carchar ar ôl cael ei arestio. Parhaodd arwahanu yn ei le a bu'n rhaid i King adael Albany heb fod wedi sicrhau cyhoeddusrwydd na chanlyniadau.

Yr SNCC

Roedd mudiad hawliau sifil newydd, Pwyllgor Cydlynu Di-drais y Myfyrwyr (*Student Non-violent Co-ordinating Committee – SNCC*) yn fudiad llawr gwlad yn seiliedig ar genhedlaeth iau o fyfyrwyr oedd wedi colli amynedd gyda'r diffyg cynnydd wrth sicrhau hawliau sifil.

Yn 1960 aeth pedwar o fyfyrwyr Americanaidd Affricanaidd o Goleg Gogledd Carolina i'r siop Woolworths leol yn Greensboro, Gogledd Carolina, i brotestio yn erbyn y cownter cinio oedd wedi'i arwahanu. Cafwyd ton o brotestiadau tebyg mewn cyfleusterau cyhoeddus eraill yn nhaleithiau'r de gyda 70,000 o fyfyrwyr yn cymryd rhan. Yn Nashville, Tennessee, cynlluniwyd y protestiadau'n ofalus ac wrth i un grŵp o fyfyrwyr gael eu harestio, byddai grŵp arall yn cymryd eu lle.

Yn y pen draw cytunodd Woolworths i ddadwahanu eu cownteri cinio y flwyddyn ganlynol. Fodd bynnag roedd barn ymhlith yr Americanwyr Affricanaidd yn rhanedig gyda llawer o rieni'n beio'r *SNCC* am fod eu plant wedi'u carcharu neu eu diarddel o'r coleg. Roedd yr *NAACP* hefyd yn llugoer ei gefnogaeth i'r hyn roedd yn ei ystyried yn dactegau diangen o ymosodol.

Teithwyr Rhyddid

Roedd *CORE*, oedd wedi'i sefydlu ers tro, wedi arfer trefnu gwrthsafiad di-drais i arwahanu. Yn 1961 roedd yn credu y gallai gweithredu uniongyrchol sbarduno'r Arlywydd Kennedy oedd newydd ei ethol i ymyrryd mewn hawliau sifil. Y targed oedd bysiau oedd yn teithio rhwng y taleithiau, a gorsafoedd bysiau yn y de. Roedd y Goruchaf Lys wedi gorchymyn y dylai teithio ar fysiau rhwng taleithiau gael ei ddadwahanu, ond roedd llawer o daleithiau yn dal heb orfodi'r dyfarniad. Ymgyrchwyr *CORE* oedd y 'Teithwyr Rhyddid' sef y gwirfoddolwyr du a gwyn, oedd yn teithio ar y bysiau i brofi'r dyfarniad. Bwriad y gweithredu oedd ennyn ymateb gan bobl wyn hiliol ac annog ymyriad gan y llywodraeth ffederal.

Yn ôl y disgwyl, cafwyd ymateb ffyrnig gyda digwyddiadau arbennig o erchyll yn Birmingham, Alabama, lle bu'r comisiynydd heddlu lleol, Eugene 'Bull' Connor, yn cynllwynio gyda'r Ku Klux Klan gan ganiatáu ymosodiadau ar y Teithwyr Rhyddid.

Arestiwyd ugeiniau o'r Teithwyr Rhyddid mewn dinasoedd eraill yn y de gan beri embaras difrifol i weinyddiaeth Kennedy. Gwnaeth y Twrnai Cyffredinol Robert Kennedy, brawd yr arlywydd, ymdrech i ddiogelu'r protestwyr ac yn y pen draw gorfododd y Comisiwn Masnach Rhyng-daleithiol (*Interstate Commerce Commission*) i wahardd cyfleusterau wedi'u harwahanu ym mis Medi 1961. Fel roedd *CORE* wedi'i fwriadu, cafwyd cyhoeddusrwydd eang i'r trais gan y gwynion.

James Meredith a Phrifysgol Mississippi

Cafodd ymrwymiad gweinyddiaeth Kennedy i hawliau sifil ei brofi unwaith eto yn 1962 pan geisiodd James Meredith gofrestru fel y myfyriwr Americanaidd Affricanaidd cyntaf ym Mhrifysgol Mississippi. Cafodd gefnogaeth dyfarniadau yn y llys ffederal, ond roedd llywodraethwr Mississippi, Ross Barnett, yn gwrthwynebu'r cofrestriad. Anfonodd y Twrnai Cyffredinol Robert Kennedy bum cant o farsialau ffederal i sicrhau bod y cofrestru'n digwydd, ond bu'n rhaid i'r fyddin ddod i'w hachub, dan orchymyn yr Arlywydd Kennedy, rhag torf o 3,000 oedd yn protestio'n dreisiol yn erbyn cofrestriad Meredith. Fodd bynnag, er gwaethaf hyn, llwyddwyd i gofrestru Meredith.

Birmingham, Alabama, 1963

Penderfynodd Martin Luther King a'r *SCLC* drefnu gwrthdaro mawr i orfodi diwedd ar arwahanu. Y targed oedd y ddinas lle roedd yr arwahanu mwyaf yn y de, sef Birmingham, Alabama. Ar ôl dysgu o'r profiad yn Albany, roedd King yn gwybod y byddai protest yn Birmingham yn debygol o sicrhau ymateb gan bennaeth drwg-enwog yr heddlu, Bull Connor. Tynnodd y cyhoeddusrwydd dilynol sylw cenedlaethol a byd-eang i'r mater.

Enynnodd y protestiadau yn Birmingham dan arweiniad Martin Luther King yr ymateb disgwyliedig ym mis Ebrill 1963. Defnyddiwyd canonau dŵr a chŵn a churwyd y protestwyr gan yr heddlu. Roedd Bull Connor i'w weld yn ymhyfrydu yn y trais, ac yn arwyddocaol, cafodd yr holl ddigwyddiad ei ddangos ar y teledu. Cafodd King ei arestio ac roedd ei 'Lythyr o Garchar Birmingham' yn amddiffyniad dylanwadol a hynod effeithiol o weithredu di-drais.

Penderfynodd yr Arlywydd Kennedy ofyn i'r Gyngres basio Bil Hawliau Sifil cryf ac ar 11 Mehefin 1963, yn un o'i berfformiadau teledu mwyaf effeithiol, esboniodd pam i bobl America: 'Mater moesol yn bennaf sy'n ein hwynebu … sef a ddylai pob Americanwr gael hawliau cyfartal a chyfleoedd cyfartal'.

Gorymdeithio yn Washington, 1963

Parhaodd y pwysau pan drefnodd A. Philip Randolph (gweler t.19) orymdaith arall yn Washington i gefnogi cyfreithiau hawliau sifil a chyfle cyfartal i Americanwyr Affricanaidd cyflogedig. Ymgasglodd torf enfawr o 250,000, gan gynnwys llawer o gefnogwyr gwyn, ger Cofeb Lincoln ganrif ar ôl y Datganiad Rhyddfreinio i glywed Martin Luther King yn siarad.

Er bod arweinwyr yr orymdaith wedi'u croesawu'n ddiweddarach i'r Tŷ Gwyn gan yr Arlywydd Kennedy, cafodd fraw wrth weld maint y brotest.

Gwnaeth araith enwog King 'Mae gen i freuddwyd' a'i areithio beiblaidd huawdl argraff bwerus nid yn unig ar y gorymdeithwyr ond hefyd ar gynulleidfa dorfol a welodd ac a glywodd yr araith ar y teledu. Dyma un o'r ychydig achlysuron y daeth y mwyafrif o ymgyrchwyr hawliau sifil at ei gilydd mewn un brotest drefnus.

> **Cyngor**
>
> Nodwch y gwahaniaethau yn ymagweddau'r amrywiol sefydliadau hawliau sifil - y *SCLC*, y *NAACP*, y *SNCC* a *CORE*.

Ond doedd hi ddim yn ymddangos fod yr araith wedi newid agweddau yn y Gyngres, lle roedd Bil Hawliau Sifil Kennedy wedi eu dal yng nghanol oedi a rhwystrau gweithdrefnol. Rai dyddiau ar ôl yr orymdaith, gosododd eithafwyr gwyn fom mewn eglwys yn Birmingham Alabama, gan ladd pedair merch ifanc Americanaidd Affricanaidd.

Cafodd gweithred dreisiol arall nad oedd yn gysylltiedig, sef llofruddiaeth yr Arlywydd Kennedy yn Dallas ar 22 Tachwedd, 1963, effaith fawr ar gynnydd y Bil Hawliau Sifil.

Pam newidiodd agweddau at hawliau sifil mor gyflym yn y 1950au a'r 1960au cynnar?

Roedd y pwysau i newid wedi cynyddu'n gyflym ac yn anorchfygol erbyn 1963 ac roedd y rhesymau am hyn yn cynnwys:

- Pwysau digwyddiadau rhyngwladol. Roedd dadleuon y Rhyfel Oer gyda'r UGSS (Undeb y Gweriniaethau Sosialaidd Sofietaidd, a alwyd yr Undeb Sofietaidd) a China'n dibynnu ar arweinyddiaeth Americanaidd i amddiffyn rhyddid rhag comiwnyddiaeth, a doedd hynny ddim yn cyd-fynd yn dda gyda gwrthod caniatáu hawliau sifil sylfaenol i 10% o Americanwyr.
- Roedd pwysau i newid yn cynyddu ar lefel leol mewn sawl ardal yn y de. Doedd boicot bysiau Montgomery, protestiadau ac ymgyrchoedd eraill ddim yn enghreifftiau ynysig.
- Erbyn hyn roedd mudiadau a rhwydweithiau protest eraill yn ymuno â'r *NAACP*, fel yr *SCLC*, *SNCC* a *CORE*, a chynyddodd momentwm eu harbenigedd, pwerau trefnu a chyhoeddusrwydd yn yr 1950au a'r 1960au.
- Er gwaethaf rhywfaint o gwyno am ei awydd honedig am sylw a'i gymedroldeb gormodol, roedd arweinyddiaeth Martin Luther King, bron yn anorchfygol erbyn 1963. Sicrhaodd ei nodweddion carismataidd a'i allu fel areithiwr ei fod yn ffigur cenedlaethol a rhyngwladol.
- Ar adegau allweddol, sicrhaodd gweithredoedd y Goruchaf Lys gefnogaeth gyfreithiol i ddadwahanu a hawliau sifil. Yn dilyn penderfyniad *Brown* yn 1954 cafwyd dyfarniadau eraill a wnaeth gwahaniaethu ar sail hil wrth bleidleisio ac ym maes tai yn anghyfansoddiadol. Yn 1956, cafwyd dyfarniad a ddatrysodd y broblem yn Montgomery yn sgil boicot y bysiau. Roedd y gweithredoedd barnwrol hyn yn gwrthdroi penderfyniadau cynharach y Goruchaf Lys yn y bedwaredd ganrif ar bymtheg, oedd wedi gwneud cymaint i annog a gweithredu cyfreithiau Jim Crow.
- Cafodd teledu effaith allweddol ar ganlyniadau'r protestiadau hawliau sifil yn y 1950au a'r 1960au. Roedd effaith pwerus darluniau teledu o brotestiadau, creulondeb yr heddlu ac afresymoldeb a mileindra hiliaeth y gwynion yn chwarae rôl newydd ac allweddol drwy roi cyhoeddusrwydd i'r mater, a pheri i lawer o Americanwyr gwyn deimlo'n anghyfforddus a newid eu hagweddau.
- Gorfodwyd y llywodraeth ffederal i ymyrryd mewn materion hawliau sifil gan weithredoedd protestwyr penderfynol. Anfonodd yr Arlywydd Eisenhower filwyr i Little Rock yn 1957 ac ymyrrodd gweinyddiaeth Kennedy i amddiffyn y Teithwyr Rhyddid yn 1961 a James Meredith ym Mhrifysgol Mississippi yn 1962.
- Gwnaeth y lluniau o drais a bygythiadau'r gwynion ar y sgriniau teledu niwed enfawr i enw da nid yn unig UDA, ond hefyd y ffordd o fyw yn ne UDA. Roedd Bull Connor a'r Llywodraethwr Bartlett o Mississippi yn bropaganda gwych i'r mudiad hawliau sifil, fel oedd y Siryf Jim Clark yn Selma (gweler tt. 29–30).

(gweler tt. 29–30)

Gwirio gwybodaeth 13

Beth oedd prif ddatblygiadau'r ymgyrch hawliau sifil 1957-63?

Erbyn 1963 roedd y cyfuniad o brotestio, cefnogaeth y bobl gyffredin, ymyrraeth ffederal ac ymdrechion unigolion nodedig wedi adeiladu momentwm dros newid oedd mor gryf fel nad oedd modd gohirio'r syniad o ddiwygiadau hawliau sifil yn rhwydd, na'i wrthwynebu'n llwyddiannus.

Pa mor arwyddocaol oedd rôl yr Arlywydd Kennedy, 1960–63?

Roedd rhai ymgyrchwyr hawliau sifil yn ystyried ethol John F. Kennedy'n arlywydd yn 1960 yn addawol. Roedd Kennedy wedi siarad gyda gwraig Martin Luther King dros y ffôn i fynegi ei gefnogaeth pan oedd ei gŵr wedi'i garcharu yn Georgia am drosedd traffig. Cafodd yr alwad ffôn hon gyhoeddusrwydd eang yn ystod etholiad 1960. Roedd brawd Kennedy, Robert, wedi gweithio'r tu ôl i'r llenni i sicrhau bod King yn cael ei ryddhau o'r carchar. Enillodd Kennedy yr etholiad o drwch blewyn. Mae'n bosibl fod y ffaith fod 70% o'r bleidlais Americanaidd Affricanaidd o'i blaid yn ffactor allweddol yn y canlyniad.

Ond doedd cefndir a diddordebau Kennedy ddim o reidrwydd yn awgrymu cefnogaeth i hawliau sifil Americanwyr Affricanaidd. Roedd Kennedy yn dod o deulu eithriadol o gyfoethog, cafodd addysg breifat ac roedd yn mwynhau bywyd braf, ond doedd ei record ar hawliau sifil fel cyngreswr a seneddwr ddim yn addawol. Ei ddiddordeb pennaf oedd polisi tramor, gwrthwynebodd y Ddeddf Hawliau Sifil gymedrol yn 1957 a beirniadodd Eisenhower am anfon milwyr i Little Rock.

Pan ddaeth yn arlywydd nid oedd yn dangos unrhyw awydd i weithredu deddfwriaeth hawliau sifil. Ar adegau roedd yn amlwg ei fod yn anfodlon i gael ei orfodi i ddelio â materion hawliau sifil pan oedd yn awyddus i ganolbwyntio ar broblemau'r Rhyfel Oer roedd yn eu hwynebu.

Roedd penodi ei frawd, Robert Kennedy, i swydd y Twrnai Cyffredinol yn arwyddocaol. Er ei fod ar y dechrau'n tueddu i anwybyddu hawliau sifil, roedd Robert Kennedy yn ymwybodol o bwysigrwydd y mater yn etholiad 1960. Fel Twrnai Cyffredinol yn fuan iawn bu'n rhaid iddo ymdrin â'r problemau cyfreithiol a orfodwyd arno gan y Teithwyr Rhyddid. Wrth iddo ymdrin â'r mater hwnnw, newidiodd ei agwedd, ac atgyfnerthwyd hynny gyda helynt James Meredith ym Mhrifysgol Mississippi.

Cafodd y digwyddiadau yn Alabama yn ystod gwanwyn 1963 effaith ddofn ar yr Arlywydd Kennedy ac mae'n amlwg iddo newid ei farn am achos hawliau sifil. Gwelwyd tystiolaeth cryf i'r newid barn yn ei benderfyniad i fynd am Fil Hawliau Sifil cryf ac hefyd yn angerdd ei anerchiad teledu i bobl America ar 11 Mehefin 1963 yn egluro'r Bil.

Creodd llofruddiaeth Kennedy ym mis Tachwedd, 1963, hinsawdd lle byddai pasio'r Bil Hawliau Sifil, oedd wedi'i atal yn y Gyngres, yn cael ei weld fel dilyniant teilwng i waith yr arlywydd marw.

Arlywyddiaeth Lyndon B. Johnson a hawliau sifil, 1963–66

Gyda llofruddiaeth syfrdanol yr Arlywydd Kennedy ar 22 Tachwedd, 1963, daeth yr is-arlywydd Lyndon Johnson yn annisgwyl i swydd yr arlywydd. Roedd Johnson yn wleidydd profiadol o'r de gyda gyrfa yn y Gyngres ers 1937, ac roedd wedi adeiladu enw cadarn fel gweithredwr gwleidyddol. Bu hefyd yn gefnogol iawn i'r Fargen

Newydd a'r Arlywydd Roosevelt, ac adlewyrchwyd hyn yn rhaglen 'Y Gymdeithas Fawrfrydig' o ddiwygiadau cymdeithasol a gyflwynodd ar ôl 1964.

Y Ddeddf Hawliau Sifil, 1964

Gwnaeth Johnson ymdrech enfawr fel arlywydd i sicrhau bod Bil Hawliau Sifil Kennedy'n cael ei throi'n ddeddf:

- Roedd Johnson ei hun yn credu ynddo. Fel gwleidydd o'r de, roedd yn ymwybodol iawn o ffyrnigrwydd gwahaniaethu ar sail hil yn y de. Chwaraeodd ei ran i sicrhau'r Ddeddf Hawliau Sifil yn 1957, er bod honno'n eithaf cymedrol.
- Aeth ati'n ddidrugaredd i ddefnyddio'r awyrgylch ar ôl y llofruddiaeth i wthio'r bil drwy'r Gyngres. Roedd yn rhan allweddol o'i araith gyntaf i'r Gyngres bum diwrnod ar ôl marwolaeth Kennedy.
- Er bod y bil wedi pasio Tŷ'r Cynrychiolwyr, roedd mewn perygl o beidio â chael ei basio yn y Senedd oherwydd tacteg **ffilibystrio** a drefnwyd gan seneddwyr dig o'r de. Ym misoedd cyntaf 1964, defnyddiodd Johnson ei sgiliau gwleidyddol sylweddol a llawer o amser ac egni'n perswadio digon o seneddwyr i roi'r gorau i'r ffilibystrio. Cafwyd y mwyafrif angenrheidiol o ddwy ran o dair a llofnodwyd y bil yn gyfraith ym mis Gorffennaf 1964.

> **Ffilibystrio** Siarad yn barhaus i osgoi pleidlais.

Deddf Hawliau Sifil 1964 oedd y fwyaf cynhwysfawr eto i gael ei phasio:

- Cyflwynwyd rheolaethau newydd dros gyfreithiau pleidleisio taleithiol.
- Daeth arwahanu ym mhob cyfleuster cyhoeddus, llety a chyfleusterau'r llywodraeth yn anghyfreithlon.
- Sicrhawyd cymorth ffederal ar gyfer dadwahanu ysgolion cyhoeddus.
- Daeth gwahaniaethu mewn cyflogaeth yn anghyfreithlon.
- Daeth gwahaniaethu ar sail hil mewn unrhyw raglen â chymorth ffederal yn anghyfreithlon.
- Sefydlwyd y Comisiwn Cyfleoedd Cyflogaeth Cyfartal (EEOC) i sicrhau bod y ddeddf yn cael ei dilyn.

Er bod y Ddeddf yn hynod o arwyddocaol wrth wneud pob math o arwahanu a gwahaniaethu'n anghyfreithlon, doedd y Ddeddf ddim wedi ymdrin â phroblem dadryddfreinio Americanaidd Affricanaidd: roedd nifer enfawr o Americanwyr Affricanaidd yn dal yn methu â phleidleisio.

Y Ddeddf Hawliau Pleidleisio, 1965

Roedd cyswllt uniongyrchol rhwng y cyfraddau isel o gofrestriadau Americanaidd Affricanaidd yn y de a'r rhwystrau a osodwyd gan gofrestryddion lleol, oedd yn holi cwestiynau dyrys am y Cyfansoddiad ac yn defnyddio mân wallau mewn ceisiadau i wrthod ymgeiswyr Americanaidd Affricanaidd.

Bu myfyrwyr o'r *SNCC* yn ymgyrchu'n ddewr ym Mississippi i gynyddu cofrestriadau pleidleiswyr yn ystod 'Haf Rhyddid' 1964. Ym mis Mehefin y flwyddyn honno, llofruddiwyd tri ymgyrchydd yn greulon ger Philadelphia, Mississippi, gan y Ku Klux Klan.

Selma

Ar y dechrau roedd Johnson yn pryderu y gallai mwy o ddeddfwriaeth ar hawliau pleidleisio arafu ei raglen Cymdeithas Fawrfrydig, yn enwedig os byddai tactegau ffilibystrio yn cael eu defnyddio eto. Penderfynodd Martin Luther King a'r *SCLC* unwaith eto gynllunio protestiadau mawr i orfodi'r arlywydd i weithredu. Dewiswyd Selma yn Alabama oherwydd allan o 15,000 o Americanwyr Affricanaidd yn Selma, dim ond 353 oedd wedi'u cofrestru i bleidleisio. Nid yn unig roedd graddfa'r dadryddfreinio'n enfawr, ond roedd y siryf lleol, Jim Clark, yn debygol o orymateb i unrhyw brotest neu wrthdystiad.

Ym mis Chwefror 1965 arestiwyd 3,000 o wrthdystwyr yn Selma, gan gynnwys Martin Luther King. Cafodd ffotograffau o Clark ei hun yn curo gwrthdystiwr benywaidd gyhoeddusrwydd eang. Roedd gorymdaith wedi'i threfnu gan King o Selma i Gapitol y Dalaith yn Montgomery i ddeisebu llywodraethwr arwahaniaethol Alabama, George Wallace.

Ymddangosodd rhaniadau rhwng cynlluniau King ac aelodau iau, mwy miliwriaethus yr *SNCC*. Roedd King yn awyddus i aros am ganlyniad achos yn y llys ffederal ynglŷn â phenderfyniad y Llywodraethwr Wallace i wahardd yr orymdaith. Ond aeth John Lewis ac aelodau o'r *SNCC* ymlaen i gynnal gorymdaith heb King. Wynebodd yr orymdaith wrthsafiad cryf ar Bont Edmund Pettus ar 7 Mawrth 1965. Roedd y Siryf Jim Clark unwaith eto ar flaen y gwrthsafiad. Roedd y trais a ddioddefodd y gorymdeithwyr gan yr heddlu a marchfilwyr y dalaith yn echrydus a chafodd miliynau o Americanwyr eu corddi gan y lluniau teledu.

Yn y pen draw gwrthodwyd gwaharddiad Wallace yn y llys ffederal a daeth gorymdaith arall dan arweiniad King a gychwynnodd ar 21 Mawrth yn un o'r digwyddiadau mwyaf cofiadwy yn hanes hawliau sifil. Daeth gorymdaith a aeth ymlaen am bedwar diwrnod o Selma i Montgomery i ben gyda rali o 25,000 o bobl y tu allan i'r Capitol yn Montgomery i wrando ar King yn siarad.

Symudodd Johnson yn gyflym nawr i ddatrys cwestiwn hawliau pleidleisio. Aeth i'r Gyngres ar 15 Mawrth ac mewn araith ysbrydoledig mynnodd ddeddfwriaeth. Roedd hon yn fenter bersonol: roedd llawer o'i gynghorwyr yn awyddus iddo fabwysiadu ymagwedd lawer yn fwy gofalus, ond deallodd Johnson deimladau'r cyhoedd ar ôl Selma ac unwaith eto defnyddiodd ei sgiliau gwleidyddol sylweddol i sicrhau bod ffilibystriad o'r de yn y Senedd yn methu. Llofnodwyd Deddf Hawliau Pleidleisio 1965 ar 6 Awst 1965 gyda Martin Luther King a Rosa Parks yn bresennol.

Arwyddocâd y Ddeddf Hawliau Pleidleisio

Byddai'r Ddeddf Hawliau Pleidleisio yn hynod o arwyddocaol:

- Cafodd y ddeddf newydd wared ar brofion llythrennedd ar gyfer cofrestru i bleidleisio a phenododd archwilwyr ffederal i gynnal y cofrestriadau etholiadol. Erbyn diwedd 1965 yn unig, roedd 250,000 o bleidleiswyr Americanaidd Affricanaidd wedi'u cofrestru. Erbyn 1980 roedd gwleidyddiaeth America wedi trawsnewid: roedd y nifer o bleidleiswyr Americanaidd Affricanaidd cofrestredig 7% yn unig yn llai na'r gyfran o bleidleiswyr gwyn cofrestredig. Hefyd cynyddodd y nifer o gynrychiolwyr Americanaidd Affricanaidd a etholwyd i Gyngres UDA ac i gynulliadau taleithiol yn sylweddol: yn 1965 dim ond 72 o swyddogion etholedig Americanaidd Affricanaidd oedd yn y de; erbyn 1976 roedd hyn wedi codi i 1,944.
- Roedd hyn yn ergyd pwerus yn erbyn y syniad o hawliau taleithiau. Mewn theori, roedd y Cyfansoddiad wedi rhoi hawliau cyfartal i Americanwyr Affricanaidd ers Rhyfel Cartref America; yn ymarferol, doedd llywodraethau taleithiol ddim wedi gorfodi hawliau sifil yr Americanwyr Affricanaidd. Bellach roedd Deddf 1965 yn tanseilio awdurdod llywodraethau taleithiol: roedd hawliau unigolion nawr yn cael eu gorfodi gan y llywodraeth ffederal.

John Lewis ymgyrchydd *SNCC* a etholwyd yn ddiweddarach i'r Gyngres.

Gwirio gwybodaeth 15

Sut helpodd yr Arlywydd Johnson gyda'r ymgyrch hawliau sifil?

Hawliau taleithiau Pwerau a gadwyd gan daleithiau unigol yn hytrach na'r llywodraeth ffederal. Roedd dehongli'r hawliau hynny'n aml yn arwain at anghytuno.

- Roedd y digwyddiadau yn Selma wedi gwthio'r rhaniadau yn y mudiad hawliau sifil i'r pen nes fod yr *SCLC* a'r *SNCC* prin yn cydweithio o gwbl. Gyda ffrwydradau treisiol yn y getos dinesig Americanaidd Affricanaidd erbyn canol y 1960au daeth anghydwel mwy difrifol fyth i'r golwg ynghylch cyfeiriad, nodau ac amcanion y gymuned Americanaidd Affricanaidd. Er bod cwynion gwleidyddol yn cael sylw, parhaodd trafferthion cymdeithasol ac economaidd Americanwyr Affricanaidd yn broblem ddifrifol, heb ei datrys, ar ôl 1965.
- Cafwyd aildrefnu gwleidyddol arall yn sgil yr ymateb i'r diwygiadau yn y de. Ag yntau wedi ffieiddio at y Blaid Ddemocrataidd, cynigiodd y Llywodraethwr George Wallace ei hun yn ymgeisydd arlywyddol yn etholiad 1968, yn arwain plaid annibynnol newydd. Roedd Wallace yn parhau'n gryf o blaid arwahanu, ond yn arwyddocaol enillodd 10 miliwn o bleidleisiau gan gipio pedair talaith yn y de. Ni lwyddodd y Blaid Ddemocrataidd fyth i adfer ei goruchafiaeth yn nhaleithiau'r de.

Gwirio gwybodaeth 16

Beth yw pwysigrwydd Ddeddf Hawliau Sifil, 1964 a Deddf Hawliau Pleidleisio, 1965?

Terfysgoedd trefol, 1965–67

Watts

Bum diwrnod ar ôl i'r Ddeddf Hawliau Pleidleisio gael ei llofnodi'n gyfraith, cafwyd trais drifrifol yn y geto Americanaidd Affricanaidd yn Watts, Los Angeles. Dechreuodd o ganlyniad i anghytundeb rhwng heddwas a llanc du ifanc a gafodd ei arestio am yfed a gyrru. Trodd yn derfysg ffyrnig a bu'n rhaid defnyddio 13,900 o Warchodwyr Cenedlaethol i'w derfynu; lladdwyd 34 o bobl ac anafwyd dros fil. Roedd y ddeddfwriaeth a basiwyd yn Washington DC yn ymddangos yn amherthnasol i'r gymuned hon. Roedd mileindra heddlu Los Angeles yn ffactor allweddol yn yr ymladd, ond cyd-destun y terfysgoedd oedd cwynion cymdeithasol ac economaidd difrifol.

Cafwyd tri deg wyth o derfysgoedd trefol eraill yn 1966, gan ladd saith o bobl, anafu 400 ac achosi difrod o $5 miliwn i eiddo. Yn 1967 cafwyd 164 achos arall o anhrefn trefol gyda marwolaethau niferus; 23 yn Newark (New Jersey) a 43 yn Detroit (Michigan).

Comisiwn Kerner, 1968

Sefydlodd yr Arlywydd Johnson Gomisiwn Kerner i ymchwilio i'r anhrefn. Rhoddodd y bai am y terfysgoedd ar wahaniaethu parhaus yn erbyn Americanwyr Affricanaidd o ran cyflogaeth, addysg a thai, ac argymhellodd fuddsoddiad ffederal enfawr i wella'r getos.

Yn 1968 roedd diagnosis a mesurau adferol Comisiwn Kerner yn annhebygol o gael eu dilyn:
- Roedd yr Arlywydd Johnson eisoes wedi perswadio'r Gyngres i fuddsoddi symiau enfawr mewn diwygiadau iechyd ac addysg yn ei raglen Cymdeithas Fawrfrydig. Er hynny cefnogodd fil diwygio tai arall i leihau gwahaniaethu yn 1968.
- Roedd Rhyfel Viet Nam yn dwysau ac roedd hyn yn tynnu adnoddau a sylw gwleidyddol a chyfryngol i ffwrdd o anghenion Americanwyr Affricanaidd.
- Ym marn llawer o wleidyddion a phleidleiswyr roedd yr achosion o derfysg trefol yn 1965–67 yn broblem cyfraith a threfn, yn hytrach nag un oedd yn galw am fwy o ddeddfwriaeth a gwariant ffederal.

Rhaniadau yn y gymuned Americanaidd Affricanaidd ac ymddangosiad y mudiad Pŵer Du

Roedd gwreiddiau'r cwynion cymdeithasol ac economaidd a ddaeth i'r amlwg yn nherfysgoedd trefol canol y 1960au yn ddwfn iawn: roedd 100 mlynedd o arwahanu a gwahaniaethu wedi creu anghydraddoldeb sylweddol. O fewn y gymuned

Americanaidd Affricanaidd cynyddodd poblogrwydd syniadau mwy radical a milwriaethus, gan herio arweinyddiaeth a strategaeth Martin Luther King a'r *SCLC*.

Malcolm X

Roedd Malcolm Little yn fab i ymgyrchydd hawliau sifil oedd dan ddylanwad syniadau Marcus Garvey. Credai Malcolm Little fod ei dad wedi cael ei ladd gan bobl wyn hiliol yn 1931. Llithrodd i fywyd troseddol, a chael ei garcharu rhwng 1947 a 1952. Yn y carchar cafodd ei radicaleiddio, ac ymunodd â **Chenedl Islam** (*Nation of Islam – NOI*). Roedd ganddo ddawn ysgrifennu a siarad, a galluogodd hyn Malcolm Little (oedd yn cael ei adnabod bellach fel Malcolm X, gan fod Little yn enw caethwas) i ddenu grŵp ehangach o ddilynwyr *NOI*. Amcangyfrifwyd mai'r nifer erbyn 1960 oedd 40,000. Roedd ei bwysigrwydd yn deillio o'r cyhoeddusrwydd a roddodd i'r canlynol:

- gwrthsafiad treisgar i oruchafiaeth y gwynion
- gwrthod integreiddio gyda'r gwynion
- beirniadaeth o dactegau di-drais Martin Luther King
- y gred fod Martin Luther King yn rhy wasaidd i sefydliad oedd ar y cyfan yn wyn a'i fod yn gyfrifol am gwlt personoliaeth afiach.

Cafodd Malcolm X ei wahardd gan yr *NOI* am wneud sylwadau dadleuol am lofruddiaeth Kennedy, a gadawodd y mudiad gan symud at safbwynt **mwy sosialaidd**. Cafodd ei lofruddio yn Manhattan yn 1965 gan ddilynwr yr *NOI*. Cafodd ei feirniadu am gymeradwyo trais, ond roedd yn ddylanwadol wrth hyrwyddo hunanbarch ymhlith Americanwyr Affricanaidd iau a hefyd wrth dynnu sylw at yr amgylchiadau enbyd yn y getos.

Stokely Carmichael a gorymdaith Meredith

Ym mis Mehefin 1966, saethwyd ac anafwyd James Meredith (gw t. 26) ar orymdaith brotest oedd yn annog cofrestru pleidleisiwyr Americanaidd Affricanaidd yn Mississippi.

Anerchodd un o'r gorymdeithwyr, ymgyrchydd ifanc yn yr *SNCC* o'r enw Stokely Carmichael y dorf. Roedd newydd ei ryddhau o'r carchar am fân drosedd ac roedd yn honni mai: 'Dyma'r seithfed tro ar hugain i mi gael fy arestio a dw i ddim am fynd i'r carchar eto'. Gyda chymeradwyaeth y dorf honnodd Carmichael mai'r hyn oedd ei angen nawr oedd 'Pŵer Du'.

Roedd y digwyddiad hwn yn drobwynt ym methiant y berthynas rhwng Martin Luther King, yr *SCLC* a'r *SNCC*. Roedd cefnogwyr **Pŵer Du** am weld ymwahaniaethu yn hytrach nag integreiddio ac roeddent am roi'r gorau i gydweithio gyda rhyddfrydwyr gwyn. Roedden nhw'n barod i gymeradwyo trais i gyflawni eu nodau.

Dan arweinyddiaeth Carmichael cafodd pobl wyn eu diarddel o aelodaeth y *SNCC* yn 1966 a gwnaeth *CORE* yr un peth yn 1968. Roedd profiad y terfysgoedd trefol ganol y 1960au yn cael ei weld fel mynegiant o Bŵer Du oedd yn gwrthod ymagwedd Martin Luther King. Roedd King yn colli rheolaeth ar y mudiad hawliau sifil wrth i'r rhaniadau rhwng yr *NAACP*, y *SCLC* a'r *SNCC* ddwysáu.

Blynyddoedd olaf Martin Luther King 1965-68
Chicago

Yn dilyn ei lwyddiant yn sicrhau deddfwriaeth hawliau sifil yn 1964-65, o ganlyniad i'r terfysgoedd trefol a thwf agweddau milwriaethus gwelodd Martin Luther King bod angen iddo roi mwy o sylw i getos y gogledd.

Cenedl Islam
Sefydliad yn galw am ymwahaniaeth a phoblogeiddio credoau Mwslimaidd.

Sosialaeth Cred wleidyddol yn seiliedig ar gydraddoldeb mewn cymdeithas a'r economi.

Pŵer Du Term ymbarél am syniadau am Americanwyr Affricanaidd yn sicrhau grym iddyn nhw eu hunain ac yn dathlu balchder du, hunanddigonedd ac ymwahaniaeth.

Roedd gan ddinas Chicago boblogaeth Americanaidd Affricanaidd o 1 miliwn wedi'u cronni yn y getos adnabyddus South Side a West Side. Roedd marchnad dai Chicago yn gweithio yn erbyn Americanwyr Affricanaidd, oedd yn talu rhenti a chyfraddau yswiriant a llog cyfatebol uwch. Fel oedd yn nodweddiadol yn llawer o getos y gogledd, roedd y rhai yn Chicago yn dioddef diweithdra uchel ac ysgolion gorlawn.

Roedd gorymdeithiau King drwy ardaloedd ethnig eraill yn Chicago yn ennyn ymateb milain. Gwelwyd y trais gwaethaf yn y maestref Pwylaidd-Americanaidd Cicero, lle taflwyd cerrig at yr orymdaith a chafodd King ei anafu. Gresynodd King at hyn gan ddweud y 'dylai pobl Mississippi ddod i Chicago i ddysgu sut i gasáu.'

Fe wnaeth maer Chicago, Richard Daley, oedd yn aelod caled a phrofiadol o'r Blaid Ddemocrataidd, ildio rhai consesiynau ar dai integredig i geisio tawelu'r sefyllfa. Fodd bynnag unwaith i King adael Chicago, aeth Daley'n ôl ar ei air yn syth.

Newid cyfeiriad?

Yn wahanol i ymateb y cyhoedd i orymdaith Selma, sylweddolodd King fod y sylw iddo yn y cyfryngau'n dechrau dod yn fwy beirniadol. Cafodd ei ddiffyg llwyddiant yn Chicago ei ddangos ac yn gynyddol roedd yn cael ei feio mwy a mwy am annog trais drwy gynllunio gorymdeithiau herfeiddiol.

Nid oedd y tactegau a weithiodd yn ninasoedd y de wedi gweithio yn Chicago. Erbyn diwedd 1966, roedd arolygon barn cyhoeddus yn dangos nad oedd 63% o Americanwyr gwyn yn cymeradwyo gwrthdystiadau hawliau sifil, ac erbyn 1967 roedd hyn wedi cynyddu i 82%.

Roedd methiant King yn Chicago a'i ddadrithiad cynyddol gyda'r arweinwyr Americanaidd Affricanaidd mwy radical fel Carmichael yn ei wneud yn ansicr am gyfeiriad y mudiad hawliau sifil yn y dyfodol. Erbyn 1967 roedd wedi troi yn erbyn Rhyfel Viet Nam, gan feirniadu llywodraeth UDA yn gyhoeddus. Credai y byddai wedi bod yn well gwario'r symiau enfawr a wariwyd ar y rhyfel i leihau anghydraddoldeb cymdeithasol ac economaidd gartref. Yn gynyddol, roedd rhethreg King yn troi at ystyriaethau cydraddoldeb economaidd i Americanwyr Affricanaidd ac ailddosbarthu cyfoeth.

Ym mis Ebrill 1968, pan oedd yn Memphis, Tennessee, yn cefnogi streic gan weithwyr gwastraff, cafodd Martin Luther King ei lofruddio gan oruchafwr gwyn, James Earl May. Sbardunodd y llofruddiaeth derfysgoedd eang yn y getos. Roedd hyn yn cynnwys tua 130 o ddinasoedd, a gwelwyd peth o'r trais gwaethaf yn Washington DC. Cafodd y wlad ei harswydo gan bedwar deg chwech o farwolaethau a gwerth $100 miliwn o ddifrod.

Roedd y Gyngres a'r arlywydd wedi eu syfrdanu a threfnwyd y diwygiad sylweddol olaf i hawliau sifil yn y 1960au fel teyrnged i Martin Luther King. Roedd Deddf Hawliau Sifil 1968 yn gwneud gwahaniaethu ar sail lliw, hil, crefydd neu darddiad cenedlaethol wrth rentu neu werthu tai yn anghyfreithlon.

Martin Luther King — asesiad

Roedd Martin Luther King yn ffigur canolog a byddai rhai'n dadlau ei fod y ffigur eithriadol yn y mudiad hawliau sifil:

■ Cafodd ei statws ei gydnabod ar y pryd a dyfarnwyd Gwobr Heddwch Nobel iddo yn 1965. Yn 1977, ar ôl cael ei lofruddio dyfarnwyd Medal Rhyddid yr Arlywydd iddo ac o 1986 ymlaen, nodwyd ei ben-blwydd yn ŵyl genedlaethol yn UDA.

Gwirio gwybodaeth 17

Pa mor effeithiol oedd Martin Luther King fel arweinydd hawliau sifil?

- Caiff ei araith 'Mae gen i freuddwyd' ym mis Awst 1963 ei hystyried yn un o areithiau mwyaf dylanwadol ac effeithiol yr ugeinfed ganrif.

- Mae'n debyg mai sicrhau Deddf Hawliau Sifil 1964 a Deddf Hawliau Pleidleisio 1965 oedd uchafbwyntiau ei rym a'i ddylanwad.

- Roedd ei rôl yn y llwyddiannau hyn yn sylweddol ond dylid ystyried mudiadau a dylanwadau eraill hefyd. Roedd gan ddulliau'r *NAACP* rôl hanfodol o ran datrysiadau cyfreithiol, mudiadau hawliau sifil eraill a gweithwyr lleol, actifiaeth y Goruchaf Lys, ymyriad gan ffigurau arlywyddol allweddol a chefnogaeth barn y gwynion ryddfrydol hefyd wrth lwyddo i gyflawni hawliau sifil.

- Doedd pob un o ymgyrchoedd King ddim yn llwyddiannus. Cafwyd methiannau amlwg yn Albany, Georgia, yn 1961–62 ac yn Chicago yn 1966. Doedd y *SCLC* ddim bob amser yn drefnus a chafwyd mwy a mwy o anghytundeb difrifol rhwng King a'r ymgyrchwyr mwy radical yn y *SNCC* a *CORE*.

- Ar y pryd cafodd King ei feirniadu, gyda honiadau ei fod yn mynnu ei ran mewn protestiadau oedd eisoes yn bodoli a chipio'r sylw pan oedd pobl eraill wedi gwneud y gwaith paratoadol caled.

- Dyw radicaliaeth cynyddol King ar ôl 1965 ddim wedi'i werthfawrogi'n llawn. Roedd ei feirniadaeth o Ryfel Viet Nam a'i ddiddordeb mewn syniadau sosialaidd ynghylch ailddosbarthu cyfoeth yn cryfhau yn 1967, oedd yn golygu ei fod eisoes yn colli cefnogaeth y rhyddfrydwyr gwyn, er bod aelodau mwy radical o'r mudiad hawliau sifil yn honni bod ei ddiddordeb mewn datrys anghydraddoldeb economaidd yn rhy ychydig, rhy hwyr. Roedd ei ddylanwad yn y Tŷ Gwyn yn sicr wedi edwino erbyn 1967 oherwydd ei wrthwynebiad i Ryfel Viet Nam.

Y Black Panthers a Pŵer Du

Sefydlwyd y Black Panthers yn 1966 yn Oakland, California, yn wreiddiol fel y Black Panther Party for Self Defence yn dilyn saethu llanc Americanaidd Affricanaidd 16 oed gan heddlu San Francisco. Dan arweiniad Huey Newton a Bobby Seale, cyhoeddodd y Panthers raglen ddeg pwynt gyda naws Marcsaeth gref, yn cynnwys athrawiaeth du ac amddiffyniad i'r gymuned ddu rhag gormes yr heddlu.

Mudiad parafilwrol oedd y Panthers gyda'r aelodau'n gwisgo ffurfwisgoedd du, berets du a sbectol haul, ac yn cario arfau. Mewn digwyddiad trawiadol ym mis Mai 1967, roedd Newton a Seale a 30 o ddilynwyr arfog wedi amgylchynu adeilad talaith California yn Sacramento i brotestio yn erbyn cyfraith arfaethedig yn gwahardd arfau gweladwy.

Bu Panthers arfog yn cysgodi patrolau'r heddlu a hefyd sefydlon nhw ysgolion a chanolfannau cymunedol, gan ddosbarthu brecwastau am ddim yn y getos. Erbyn 1968 mae'n debygol bod gan y mudiad gyfanswm o 5,000 o aelodau ond denodd gyhoeddusrwydd eang iawn o ystyried ei niferoedd.

Gan eu bod wedi ymwneud â throseddu a gwrthdaro treisiol yn erbyn yr asiantaethau gorfodi'r gyfraith bu gweithredu llym gan y Biwro Ymchwilio Ffederal (*FBI*) a'r heddlu. Gyda chymorth rhaniadau mewnol a threfniadaeth wael, roedd yr awdurdodau, i bob pwrpas, wedi chwalu'r Black Panthers erbyn 1970.

Er bod modd ystyried y Black Panthers yn fudiad ymylol, roedd y syniad o Bŵer Du wedi gafael mewn cymunedau Americanaidd Affricanaidd. Ar ddiwedd Gemau Olympaidd 1968 gwnaeth nifer o athletwyr Americanaidd Affricanaidd gan gynnwys Tommie Smith, enillydd y fedal aur am y ras 200 metr, saliwt Pŵer Du yn ystod anthem genedlaethol America.

Marcsaeth Cred wleidyddol y byddai cyfalafiaeth yn cael ei disodli gan gomiwnyddiaeth mewn chwyldro, gan sicrhau cymdeithas ac economi fwy cyfartal.

Pwysigrwydd Pŵer Du oedd ei fod yn cwestiynu cysyniadau integreiddio a gweithio gyda gwleidyddion gwyn. Roedd yn cefnogi'r syniad y gallai cymunedau Americanaidd Affricanaidd ddatblygu ar wahân ar sail hunanbarch, hunanamddiffyn, y syniad fod 'du yn hardd', a'u grym economaidd a gwleidyddol eu hunain. Erbyn diwedd y 1960au roedd y syniad o ddadwahanu ysgolion hefyd yn cael ei gwestiynu mewn rhai mannau Americanaidd Affricanaidd – beth oedd o'i le ar ysgolion oedd yn bennaf yn ddu os oedden nhw'n cael cymorth ac adnoddau digonol?

Gwirio gwybodaeth 18

Pam ddatblygodd y syniad o Bŵer Du yn y 1960au a'r 1970au, a beth oedd y canlyniadau?

Crynodeb

Pan fyddwch chi wedi cwblhau'r pwnc hwn dylai fod gennych wybodaeth a dealltwriaeth drylwyr o'r materion canlynol:

- pam fod dyfarniad y Goruchaf Lys yn *Brown* mor arwyddocaol
- pwysigrwydd boicotio bysiau Montgomery
- cyflymder newid yn 1957–63 a'r rhesymau pam y cyflymodd
- arwyddocâd gweinyddiaethau Kennedy a Johnson
- sut a pham y datblygodd rhaniadau yn y mudiad hawliau sifil.

Canlyniadau'r mudiad hawliau sifil i Americanwyr Affricanaidd, 1968-90

Gweithredu cadarnhaol

Cefnogaeth i weithredu cadarnhaol

Roedd hwn yn bolisi dadleuol yn seiliedig ar y gred fod gwahaniaethu yn erbyn Americanwyr Affricanaidd mor helaeth yn y gorffennol fel mai'r unig ffordd y gellid ei oresgyn oedd gyda pholisi o ffafrio gan y llywodraeth mewn, er enghraifft, cyflogaeth neu dderbyn i addysg uwch.

Un o'r rhesymau y mynnodd yr Arlywydd Johnson gael *EEOC* oedd ei gred y byddai Deddf Hawliau Sifil 1964 yn ddiystyr oni bai ei bod yn cael cefnogaeth mesurau i sicrhau ei bod yn cael ei gweithredu. Roedd yn ofynnol i gontractwyr y llywodraeth yn cynnwys prifysgolion ac ysgolion roi triniaeth ffafriol i Americanwyr Affricanaidd a lleiafrifoedd eraill. Sylweddolodd cyflogwyr os oedden nhw am gael gwaith contract ffederal, y byddai'n rhaid iddyn nhw gyflogi mwy o weithwyr Americanaidd Affricanaidd.

Parhaodd yr Arlywydd Nixon (1968-74) â'r gweithredu cadarnhaol gyda'i Orchymyn Gweithredol 11578, oedd yn ei gwneud yn orfodol i bob cyflogwr oedd â chontract ffederal ddrafftio polisïau cadarnhaol. Roedd cefnogaeth Nixon i gynllun Philadelphia yn fwy dadleuol; roedd hwn yn ceisio gwarantu mynediad lleiafrifoedd i swyddi coler las yn y diwydiant adeiladu a diwydiannau eraill drwy osod cwotâu o brentisiaid Americanaidd Affricanaidd. Profodd y cynllun yn gymharol lwyddiannus drwy agor y diwydiant adeiladu i weithwyr Americanaidd Affricanaidd. Dyfarnodd y Goruchaf Lys yn *Giggs* v *Duke Power Company* (1971) fod gweithredu cadarnhaol yn gyfansoddiadol.

Y Goruchaf Lys a gweithredu cadarnhaol

Er hynny cafwyd adlach i'r driniaeth ffafriol i leiafrifoedd, yn enwedig gan weithwyr gwyn oedd yn dadlau bod gweithredu cadarnhaol mewn gwirionedd yn **wahaniaethu o chwith** yn erbyn pobl wyn. Heriwyd yr egwyddor yn y Goruchaf Lys yn 1978 yn achos *Prifysgol California* v *Bakke*. Gwrthodwyd mynediad i Allan Bakke, myfyriwr Americanaidd gwyn, i Brifysgol California, a honnodd yntau fod ei record academaidd

Gwahaniaethu o chwith Pan fydd mwyafrif yn credu bod gwahaniaethu'n digwydd yn ei erbyn oherwydd bod lleiafrif yn cael anfantais annheg.

yn well nag un deg chwech o fyfyrwyr lleiafrifol oedd wedi'u derbyn. Roedd y brifysgol wedi cadw un deg chwech o lefydd allan o 100 i fyfyrwyr difreintiedig, gan gynnwys Americanwyr Affricanaidd. Honnodd Bakke fod amddiffyniad cyfartal dan y gyfraith wedi'i wrthod iddo.

Mewn penderfyniad oedd yn gyfaddawd, penderfynodd y llys fod gweithredu cadarnhaol yn gyfansoddiadol cyhyd â'i fod yn un elfen yn unig ym mhroses dderbyn prifysgol, ond dyfarnodd hefyd fod dosbarthu hiliol penodol pan na chafwyd unrhyw wahaniaethu *blaenorol* yn torri'r amddiffyniad cyfartal yn y 14eg Gwelliant. Felly bu'n rhaid derbyn Bakke. Fodd bynnag roedd y llys yn rhanedig 5-4 ar yr holl faterion a drafodwyd.

Adlach pobl wyn

Roedd gweithredu cadarnhaol Americanaidd Affricanaidd felly'n parhau'n fater dadleuol ac mae'n debyg iddo arwain at symud gwleidyddol gyda gwrywod dosbarth gweithiol gwyn yn pleidleisio dros y Gweriniaethwyr ceidwadol yn hytrach na'r Democratiaid yn y 1970au a'r 1980au.

O dan yr Arlywydd Reagan (1981-89) lleihawyd cyllid yr EEOC. Credai Reagan fod y llywodraeth wedi bod yn hyrwyddo gwahaniaethu o chwith. O ganlyniad, erbyn 1984 roedd yr *EEOC* yn ffeilio 60% yn llai o achosion nag yn 1980.

Yn 1995 ceisiodd yr Arlywydd Clinton (1993-2001) droedio'r llwybr canol drwy ddadlau bod gweithredu cadarnhaol Americanaidd Affricanaidd yn hanfodol, er ei fod yn ddiffygiol, er mwyn gwrthdroi canrifoedd o wahaniaethu.

Gwirio gwybodaeth 19

Pam mae gweithredu cadarnhaol mor ddadleuol?

Dadwahanu a'r anghydfod bysiau

Dadwahanu

Aeth dadwahanu'r ysgolion cyhoeddus yn y de yn ei flaen yn ystod gweinyddiaeth Nixon. Erbyn hyn doedd dadwahanu ddim yn denu'r un gwrthwynebiad enfawr ag yn y 1950au a'r 1960au cynnar, yn rhannol oherwydd dull ymgynghorol ac anorfodol Ysgrifennydd Llafur Nixon, George Shultz, arweinydd Pwyllgor Addysg y Cabinet.

O ganlyniad, erbyn 1974, dim ond 8% o blant Americanaidd Affricanaidd oedd yn mynychu ysgolion du o'i gymharu â 68% yn 1969. Yn 1969 dyfarnodd y Goruchaf Lys yn *Alexander* v *Bwrdd Addysg Holmes County (Holmes County Board of Education)* fod rhaid rhoi dadwahanu ysgolion ar waith ar unwaith. I bob pwrpas caeodd hyn y bwlch yn dilyn penderfyniad *Brown* y dylai dadwanahu fynd yn ei flaen 'gyda phob brys bwriadol'.

Bysio

Y broblem oedd, er bod y gyfraith yn cefnogi dadwahanu, mewn sawl ardal y realiti demograffig oedd bod niferoedd enfawr o Americanwyr Affricanaidd yn cael eu cyfyngu i ganol y dinasoedd tra bo'r maestrefi'n bennaf yn wyn. Dechreuodd y polisi bysio **myfyrwyr** i gyflawni cyfleoedd addysgol cyfartal yn y 1960au.

Roedd y polisi bysio'n hynod o amhoblogaidd gyda rhieni: cofnododd pôl Gallup yn 1971 fod tri allan o bob pedwar Americanwr gwyn yn gwrthwynebu bysio i gyflawni integreiddio. Cafwyd y gwrthwynebiad mwyaf trawiadol yn Boston pan orchmynnodd barnwr ffederal fod rhaid bysio myfyrwyr du a gwyn ar raddfa eang i gymdogaethau ei gilydd. Cafwyd gwrthwynebiad ffyrnig yn South Boston High gyda geiriau sarhaus yn cael eu defnyddio a cherrig yn cael eu taflu at fysiau'n cludo plant du. Parhaodd y protestiadau am flynyddoedd ac o ganlyniad tynnodd llawer o rieni gwyn eu plant

Bysio Cludo myfyrwyr er mwyn cyflawni cydbwysedd hiliol mewn ysgolion.

allan o ysgolion cyhoeddus yng nghanol y ddinas. Aeth rhai i'r maestrefi, rhai i addysg breifat, proses a alwyd yn 'ddihangfa'r gwynion.' Disgynnodd y nifer o fyfyrwyr gwyn yn ysgolion cyhoeddus Boston o 45,000 yn 1974 i 16,000 yn 1987.

Gorfodwyd y Seneddwr Edward Kennedy, y seneddwr lleol, oedd yn cefnogi'r polisi bysio (ond yr oedd ei blant ei hun yn derbyn addysg breifat) i ddianc rhag torf elyniaethus yn 1974 pan amgylchynnwyd yr Adeilad Ffederal yn Boston gan ymgyrchwyr oedd yn gwrthwynebu bysio. Cafodd rhyddfrydwyr eu syfrdanu gan y gwrthwynebiad yn Boston, o ystyried hanes Boston fel canolbwynt y Chwyldro Americanaidd a'r mudiad dileu caethwasiaeth yn y bedwaredd ganrif ar bymtheg.

Canlyniadau gwleidyddol a chyfreithiol

Daeth bysio'n fater gwleidyddol yn etholiadau 1968 a 1972 gyda George Wallace (gw t. 31) a Richard Nixon ill dau'n gwrthwynebu'r arfer. Defnyddiodd Nixon ei gyfnod fel arlywydd i wneud penodiadau ceidwadol i'r Goruchaf Lys er mwyn arafu dyfarniadau rhyddfrydol.

Daeth y dystiolaeth gyntaf o hyn yn 1974 gyda dyfarniad *Milliken* v *Bradley*, a wnaeth ddatgan fod bysio rhwng ardaloedd yn Detroit yn anghyfansoddiadol. Hwn oedd yr achos cyntaf gan *NAACP* ers 20 mlynedd pan na chymeradwyodd y llys orchymyn dadwahanu. Byddai penderfyniad *Milliken* yn drobwynt wrth i ddyfarniadau o blaid lleiafrifoedd leihau'n raddol.

Yr ymateb ceidwadol yn y 1980au

Yn 1980 roedd ethol Ronald Reagan yn arlywydd yn golygu torri oddi wrth bolisïau'r 1960au a'r 1970au. Roedd ei etholiad yn adlewyrchu:

- amhoblogrwydd gweinyddiaeth Carter a'i methiant i ddatrys sefyllfa **gwystlon Iran** a phroblemau chwyddiant
- Llwyddiant Reagan yn cipio pleidleisiau mwyafrif helaeth o ddynion gwyn y de a chymdogaethau **coler las** y gogledd
- pryderon am y gost a'r fiwrocratiaeth oedd yn gysylltiedig â rhaglenni cymorth ffederal y 1960au a'r 1970au ac effeithiau dibyniaeth ar les
- syniadau newydd am economeg oedd yn awgrymu y byddai gostyngiadau treth yn cynhyrchu twf economaidd ac yn cynnig cyfleoedd newydd i'r holl Americanwyr, oedd felly'n lleihau'r angen am gymorth ffederal costus

Ailetholwyd Reagan yn 1984 gyda mwyafrif enfawr. Yn ystod ei arlywyddiaeth dros ddau dymor:

- Cafwyd gostyngiadau sylweddol mewn rhaglenni cymorth ffederal fel Medicare, Medicaid, cymorth i deuluoedd â phlant dibynnol a stampiau bwyd. Roedd tua 20% o Americanwyr Affricanaidd yn ddibynnol ar y rhaglenni cymorth hyn ac felly roedd yr effaith arnyn nhw'n niweidiol ac yn anghymesur.
- Yn ôl y disgwyl, o ganlyniad i benodiad William Rehnquist yn brif ustus yn 1986 ynghyd â phenodiadau eraill ceidwadol i'r goruchaf lys arafodd y dyfarniadau oedd yn cefnogi hawliau sifil.
- Roedd hanes hir i wrthwynebiad Reagan i ddeddfwriaeth hawliau sifil. Roedd wedi gwrthwynebu Deddf Hawliau Sifil 1964 a Deddf Hawliau Pleidleisio 1965. I ddechrau roedd hefyd yn gwrthwynebu'r penderfyniad i nodi pen-blwydd Martin Luther King gyda gŵyl genedlaethol. Yn 1988 Reagan oedd yr arlywydd cyntaf i roi feto ar fil hawliau sifil (Y Ddeddf Adfer Hawliau Sifil) ers 1866. Diystyrrodd y Gyngres ei feto.

Gwirio gwybodaeth 20

Pa broblemau a gododd yn sgil bysio?

Cyngor

Meddyliwch sut y bwydodd pryderon am weithredu cadarnhaol a bysio etholiad gweinyddiaethau Gweriniaethol ceidwadol yn y 1980au.

Gwystlon Iran Cipio staff llysgenhadaeth UDA gan Iran yn 1979, na lwyddodd gweinyddiaeth Carter i'w ddatrys cyn etholiad 1980.

Coler las Gweithwyr sy'n ymgymryd â llafur â llaw.

Gwirio gwybodaeth 21

Ym mha ffyrdd oedd gweinyddiaethau Reagan yn wahanol i rai'r 1960au a'r 1970au?

Y De Newydd a dadwahanu

Trawsnewidiwyd y de yn ddramatig gan y newidiadau gwleidyddol ac economaidd rhwng 1950 a 1980, canlyniad sy'n cael ei ddisgrifio'n aml fel y De Newydd. Yn ystod y 1970au dychwelodd nifer cynyddol o Americanwyr Affricanaidd i daleithiau'r de ar ôl canrif o fudo.

Mae'r canlynol yn esbonio'r duedd newydd hon i fudo'n ôl:

- Twf economaidd ar ôl y 1970au na welwyd ei debyg yn ne a gorllewin UDA. Wrth i ddiwydiannau'r gogledd ddirywio (cafodd y diwydiant ceir yn Detroit ei daro yn arbennig o galed), ffynnodd economi'r de. Daeth y diwydiant olew yn Houston â chyfoeth newydd i Texas, Louisiana ac Oklahoma. Roedd cwmnïau'n cael eu denu i'r de, a alwyd bellach yn yr Ardal Haul mewn cyferbyniad ag Ardal Rhwd diwydiannau dirywiol y gogledd, gyda'i drethi is, cyflogau is, rheoleiddio ysgafnach a thir rhatach.
- Gyda dileu deddfau Jim Crow roedd llai o arwahanu yn y De Newydd. Doedd amgylchiadau yng nghetos y gogledd ddim yn gwella'n ddigon cyflym ac roedd y cyfleoedd economaidd yn y De Newydd yn dynfa gref i fudo.
- Roedd y cynnydd gwleidyddol a wnaed gan Americanwyr Affricanaidd wedi arwain at ethol canran uwch o Americanwyr Affricanaidd i swyddi gwleidyddol uchel yn y de .

Gwirio gwybodaeth 22

Pam aeth nifer fawr o Americanwyr Affricanaidd yn ôl i'r de ar ôl 1970?

Y profiad Americanaidd Affricanaidd erbyn 1990

Erbyn 1990, roedd actifiaeth hawliau sifil a gweithredu cadarnhaol wedi sicrhau newidiadau sylweddol i Americanwyr Affricanaidd:

- Roedd yr hawl i bleidleisio wedi'i gwarantu ac roedd rhai miloedd o Americanwyr Affricanaidd bellach mewn swyddi cyhoeddus. Erbyn 1992 roedd 69 o gyngreswyr yn Americanwyr Affricanaidd. Roedd Americanwyr Affricanaidd yn rheolaidd yn cael eu hethol yn feiri dinasoedd mawr. Yn 1989 penodwyd Colin Powell yn Bennaeth y Staff Amddiffyn, yr Americaniad Affricanaidd cyntaf i gael y swydd uchaf yn y lluoedd arfog o dan yr arlywydd.
- Twf dosbarth canol Americanaidd Affricanaidd. Erbyn 1980 roedd traean o weithwyr Americanaidd Affricanaidd yn dal swyddi coler gwyn proffesiynol, yn rheolwyr ac yn swyddogion – ddwywaith gymaint â'r gyfran yn 1960.
- Symudodd Americanwyr Affricanaidd llewyrchus i'r maestrefi i gael strydoedd mwy diogel a gwell ysgolion a thai. Rhwng 1970 a 1976 cafwyd cynnydd o 9% yn y nifer o Americanwyr gwyn oedd yn byw yn y maestrefi, a chynnydd o 36% o Americanwyr Affricanaidd oedd yn byw yno.

Fodd bynnag roedd rhai agweddau pwysig o'r profiad Americanaidd Affricanaidd yn parhau fwy neu lai yr un fath:

- Er bod cyfleoedd addysgol Americanwyr Affricanaidd wedi gwella'n aruthrol, yn 1989 graddiodd 77% o fyfyrwyr gwyn o'r ysgol uwchradd o'i gymharu â 63% o Americanwyr Affricanaidd. Roedd bwlch hefyd yn y ffigurau ar gyfer addysg uwch gyda 21% o bobl wyn yn graddio o brifysgolion o'i gymharu â 11% o Americanwyr Affricanaidd.
- Er bod dosbarth canol Americanaidd Affricanaidd newydd yn tyfu, yn cyd-fynd â hyn roedd isddosbarth mawr yn y getos. Yn 1990, o 31 miliwn o Americanwyr Affricanaidd, roedd 9 miliwn yn byw dan y llinell dlodi. Roedd diweithdra 5% yn uwch ymhlith Americanwyr Affricanaidd na phobl wyn yn 1998. Roedd y ffigurau

disgwyliad oes hyd yn oed yn fwy digalon: disgwyliad oes pobl ddu ar adeg eu geni oedd 68.1 blwyddyn yn 1980 o'i gymharu â 74.4 i bobl wyn. Yn wir, ehangodd y bwlch i 69.1 a 76.1 o flynyddoedd yn eu tro.

- Er bod niferoedd sylweddol o Americanwyr Affricanaidd yn cael eu cyflogi bellach mewn asiantaethau gorfodi'r gyfraith, erbyn 2000 roedd y nifer o Americanwyr Affricanaidd oedd yn y carchar wyth gwaith yn uwch nag Americanwyr gwyn. Mewn llawer o daleithiau, roedd cael eich dyfarnu'n euog o drosedd neu gael eich gosod ar gyfnod profiannaeth yn golygu na allech bleidleisio mwyach. Erbyn diwedd yr ugeinfed ganrif, gwrthodwyd y bleidlais i 4 miliwn o Americanwyr Affricanaidd am y rheswm hwn. Roedd cyfraddau troseddu uchel yn ganlyniad i gyfleoedd addysgol gwaeth, diweithdra ac epidemig y fasnach gyffuriau anghyfreithlon yn y getos.

Erbyn 1990 roedd bywydau Americanwyr Affricanaidd wedi gwella ac roedd eu rôl mewn gwleidyddiaeth, adloniant, chwaraeon, addysg uwch, y lluoedd arfog, diwydiant a masnach wedi cynyddu, ond roedd anghydraddoldeb parhaus yn dal i fod. Doedd hi ddim yn ddigon i ddileu gwahaniaethu na hyd yn oed gwella symudedd cymdeithasol heb fynd i'r afael â phroblemau amddifadedd trefol a diweithdra.

> ### Gwirio gwybodaeth 23
>
> Pa agweddau o'r profiad Americanaidd Affricanaidd oedd wedi gwella erbyn 1990 a pha broblemau oedd yn parhau heb eu datrys?

Crynodeb

Pan fyddwch chi wedi cwblhau'r testun hwn dylai fod gennych wybodaeth a dealltwriaeth drylwyr o'r materion canlynol:

- dibenion a phroblemau gweithredu cadarnhaol
- y rhesymau dros fysio a'r effeithiau ar ddadwahanu
- pam y cafwyd ymateb ceidwadol yn y 1980
- beth oedd y De Newydd
- newidiadau yn y profiad Americanaidd Affricanaidd.

■ Ffurfio pŵer mawr, tua 1890–1990

Newid a pharhad ym mholisi tramor UDA, 1890-1937

Cefndir y bedwaredd ganrif ar bymtheg i bolisi tramor UDA

Yn ystod y bedwaredd ganrif ar bymtheg roedd UDA wedi datblygu fel pŵer sylweddol yn y byd ac un o'r rhesymau am hynny oedd ei safle ynysig a diogel gyda chefnforoedd mawr a chymdogion cymharol wan yn ei hamgylchynu. Yn 1796 roedd arlywydd cyntaf America, George Washington, wedi argymell y dylai UDA osgoi cynghreiriau a pholisi tramor mentrus.

Athrawiaeth Monroe

Yn 1823, pan oedd trefedigaethau Sbaen yn Ne America yn brwydro am annibyniaeth, aeth yr Arlywydd Monroe ati i ddatgan:

■ na fyddai UDA yn goddef unrhyw ymyriad gan bwerau Ewropeaidd ym materion yr Americas, nac unrhyw wladychu pellach.

■ ei gwneud yn glir na fyddai UDA yn ymyrryd yn Ewrop na mewn unrhyw drefedigaethau Ewropeaidd lle nad oedd gwrthryfela.

Roedd pwysigrwydd y datganiad cyhoeddus hwn yn symbolaidd yn hytrach nag yn wirioneddol ar y pryd: doedd gan America ddim y grym milwrol i'w orfodi. Mewn gwirionedd, diplomyddiaeth Prydeinig a grym y Llynges Frenhinol oedd yr hyn a lwyddodd i osgoi ymyriad Ewrop yn Ne America. Er hynny, daeth datganiad Monroe, a alwyd yn Athrawiaeth Monroe, yn ddylanwad pwysig ar bolisi tramor America.

Arfaeth Amlwg

Yn y bedwaredd ganrif ar bymtheg, roedd twf UDA i'r gorllewin, sy'n cael ei grynhoi yn yr ymadrodd 'Arfaeth Amlwg', yn bwysicach. Roedd yr ymadrodd yn poblogeiddio'r syniad fod bwriad i UDA gipio a rheoli holl gyfandir Gogledd America. Gan gyfuno cyfiawnhad dros ymosodiad ar yr Indiaid brodorol a phobl México, ac ysfa genhadol i rannu democratiaeth a rhyddid UDA, llwyddwyd drwy Ffawd Amlwg i amsugno tiriogaethau gorllewinol enfawr i UDA, yn benodol Texas, California ac Oregon yn y 1840au ac yn ddiweddarach tiriogaethau anferthol y brodorion yn y gorllewin. Roedd traddodiad hefyd o brynu tir gan bwerau Ewropeaidd, er enghraifft Louisiana yn 1803 ac Alaska yn 1867. Oherwydd y canolbwyntio hwn ar ehangu cyfandirol ac ymadfer ar ôl y Rhyfel Cartref (1861-65) nid oedd UDA yn ymwneud rhyw lawer â materion tramor.

Newid ar ddiwedd y bedwaredd ganrif ar bymtheg

Fodd bynnag, erbyn diwedd y bedwaredd ganrif ar bymtheg roedd y sefyllfa hon yn newid:

■ Roedd economi America'n ffynnu gyda'r wlad yn diwydiannu'n gyflym, gyda chymorth ei hadnoddau naturiol toreithiog a rhwydwaith reilffordd newydd. Tyfodd ei **CGC** bedwarplyg o $9 biliwn yn 1869-73 i $37 biliwn rhwng 1897 a 1901. Erbyn 1900 roedd tua 30% o nwyddau gweithgynhyrchu'r byd yn cael eu gwneud yn UDA. Mewn cyfnod byr, roedd UDA wedi sicrhau mai hi oedd cenedl ddiwydiannol blaenllaw'r byd, ac o ganlyniad, yn ail i Brydain yn unig fel pŵer

CGC Cynnyrch Gwladol Crynswth - cyfanswm gwerth yr holl nwyddau a gwasanaethau a gynhyrchir mewn un flwyddyn gan fusnesau gwlad, boed gartref neu dramor.

ariannol pwysig. Roedd ystyriaethau economaidd bellach yn bwysig, a byddai angen mynediad at farchnadoedd y byd ar UDA.

- Roedd masnachu cynyddol yn golygu y byddai angen llynges gryfach ar America i ddiogelu ei masnach a'i safleoedd tramor ac i ddiogelu ei buddiannau byd-eang cynyddol. Yn 1885 llynges fach iawn oedd gan America ond erbyn 1905 hi oedd y *drydedd* fwyaf ar ôl Prydain a'r Almaen.
- Ddiwedd y bedwaredd ganrif ar bymtheg cafwyd cynnydd mewn **imperialaeth** Ewropeaidd: roedd y pwerau Ewropeaidd mawr yn prysur ehangu yn Affrica ac Asia, gan gaffael safleoedd ar ynysoedd yn y prif gefnforoedd. Roedd Americanwyr dylanwadol yn cwestiynu a oedd ymynysedd bellach yn fuddiol i America. Roedd hyn yn cyd-fynd yn bwerus gyda phoblogrwydd cynyddol **Darwiniaeth gymdeithasol** – os na fyddai UDA'n ehangu, byddai'n dirywio. Roedd lle amlwg i ddamcaniaethau poblogaidd am oruchafiaeth yr hil Engl Sacsonaidd.
- Ddiwedd y bedwaredd ganrif ar bymtheg, aeth America ati i gaffael safleoedd newydd yn y Cefnfor Tawel yn Samoa a Hawaii. Yn 1898 cyfeddiannodd UDA Hawaii gan gynnwys canolfan lyngesol Pearl Harbour. Wedi pum mlynedd o drafod moesoldeb y fenter cafodd ei chymeradwy gan Gyngres America. Ar ôl pum mlynedd o ddadlau yn y Gyngres am foesoldeb y fenter aeth cyfeddiant Hawaii yn ei flaen yn 1898, gan gynnwys canolfan lyngesol yn Pearl Harbor. Roedd polisi tramor America yn dod yn gynyddol bendant.

Y rhyfel rhwng Sbaen ac America ac imperialaeth Americanaidd

Roedd y trefedigaethau Sbaenaidd yn Cuba a'r Pilipinas yn mynd yn anoddach eu rheoli. Cafwyd gwrthryfeloedd gan ymladdwyr dros annibyniaeth Cuba rhwng 1868 ac 1878. Gosododd America doll ar siwgr yn 1894 gan arwain at anhrefn yn economi Cuba, a sbarduno gwrthryfel arall yn erbyn rheolaeth Sbaen yn 1895. Roedd cefnogaeth gref i'r gwrthryfel ymhlith y cyhoedd, gwleidyddion a phapurau newydd yn America, yn enwedig *New York Journal* Hearst.

Ym mis Chwefror 1898 ffrwydrodd llong ryfel Americanaidd, USS *Maine*, yn harbwr Havana, gan ladd 260 o filwyr Americanaidd. Ni chafwyd esboniad boddhaol am y ffrwydrad hwn erioed, ond rhoddwyd y bai ar Sbaen. Aeth y wasg yn America ati i greu hysteria ymhlith y cyhoedd i'r fath raddau fel pan wrthododd Sbaen roi annibyniaeth i Cuba, gofynnodd yr Arlywydd McKinley i'r Gyngres gyhoeddi rhyfel ym mis Ebrill 1898.

Parhaodd y rhyfel am bedwar mis yn unig. Roedd UDA yn ffodus nad oedd llynges hynafol Sbaen a'i byddin a'i harweinwyr di-glem yn gallu cystadlu â llongau modern llynges UDA a'r fyddin oedd yn fach ond yn frwd, a goresgynnodd Cuba. Yn dilyn llwyddiant catrawd o wirfoddolwyr ym mrwydr Bryn San Juan, daeth yr arweinydd, Theodore Roosevelt, yn arwr rhyfel.

Llofnodwyd cytundeb heddwch ym Mharis ym mis Rhagfyr 1898 oedd yn cydnabod annibyniaeth Cuba a **chyfeddiant** America o'r Pilipinas, Puerto Rico ac Ynys Guam yn y Cefnfor Tawel. Roedd America wedi sicrhau ymerodraeth:

- Yn dilyn caffael y tiroedd hyn, cafwyd dadl ffyrnig ynghylch moesoldeb ymerodraeth, nid yn unig yn y Senedd ond hefyd yn ystod etholiad arlywyddol 1900.
- Roedd cyfeddiant y Pilipinas'n arbennig o ddadleuol – oedd hyn yn erbyn ysbryd y Datganiad o Annibyniaeth? A fyddai'n golygu bod UDA'n cael ei thynnu i wrthdaro tramor? A fyddai'n arwain at wariant mawr?

Imperialaeth Yr ymgyrch, gan bwerau Ewropeaidd yn bennaf, i gaffael, gweinyddu a datblygu tiriogaethau llai datblygedig i ennill bri yn ogystal â rhesymau economaidd a gwleidyddol.

Darwiniaeth gymdeithasol Damcaniaeth a ysbrydolwyd gan ddamcaniaeth esblygiad Charles Darwin oedd yn addef y dylid gweld hanes y ddynoliaeth fel goroesiad y cymhwysaf. Roedd yn arbennig o bwysig wrth feithrin syniadau o oruchafiaeth y gwynion.

Gwirio gwybodaeth 24

Beth oedd y prif ddylanwadau ar bolisi tramor UDA ddiwedd y bedwaredd ganrif ar bymtheg?

Cyfeddiant Y broses o gymryd tiriogaeth a'i hychwanegu at eiddo gwlad.

- Er hyn, cafwyd ymchwydd o falchder cenedlaethol yn dilyn y rhyfel llwyddiannus. Enillwyd y dydd gan fanteision masnachol a strategol ymerodraeth ynghyd â dadleuon hiliol am oruchafiaeth hil y gwynion.

- Nid oedd pobl Pilipinas o reidrwydd yn ddiolchgar, a hwythau wedi cyfnewid llywodraethwyr Sbaenaidd am Americanwyr. Dechreuodd gwrthryfel llawn yn erbyn rheolaeth Americanaidd ym mis Chwefror 1899 gan bara am dair blynedd. Bu 70,000 o filwyr America'n brwydro, llawer mwy nag yn ystod rhyfel 1898, gyda gwariant o $170 miliwn. Fel y rhan fwyaf o ryfeloedd gerila, roedd yn greulon ac yn filain, gan hawlio 4,200 o fywydau Americanaidd a miloedd yn fwy o boblogaeth Pilipinas.

- Yn y pen draw sefydlwyd rheolaeth Americanaidd, ond roedd caffael Pilipinas wedi gwireddu ofnau gwaethaf y gwrth-imperialwyr ynghylch rhwymedigaethau posibl ymerodraeth.

Theodore Roosevelt ac ystyr imperialaeth UDA

Yn 1901 llofruddiwyd yr Arlywydd McKinley ac fe'i olynwyd gan y dirprwy arlywydd poblogaidd, Theodore Roosevelt. Parhaodd polisïau Roosevelt â thueddiad polisi tramor UDA o ehangu:

- Yn 1903 ymyrrodd UDA mewn anghydfod rhwng Colombia a thrigolion Panama, gan arwain at annibyniaeth Panama a chytundeb oedd yn ffafrio UDA. Roedd hwn yn ymddiried yn UDA i adeiladu a gweithredu camlas yn cysylltu'r Cefnfôr Tawel a'r Môr Caribï, oedd yn cynnig manteision strategol a masnachol enfawr i UDA.

- Yn Cuba roedd dylanwad UDA yn amlwg iawn ar ei hannibyniaeth a daeth y wlad, i bob pwrpas, yn drefedigaeth economaidd i UDA. Gorfodwyd pobl Cuba i dderbyn Gwelliant Platt, oedd yn rhoi hawl i UDA ymyrryd pe bai annibyniaeth neu lywodraeth sefydlog Cuba'n cael eu bygwth. Roedd hefyd yn caniatáu i'r Americanwyr sefydlu canolfan lyngesol barhaol ym Mae Guantanamo.

- Roedd pŵer economaidd America hefyd yn tra-awdurdodi yng Nghanolbarth America gyda chorfforaethau UDA fel Cwmnïau United Fruit ac American Tobacco yn rheoli economïau lleol.

- Cyhoeddodd yr ysgrifennydd gwladol John Hay bolisi 'drws agored' lle byddai gan yr holl genhedloedd tramor yr un mynediad masnachol i China. Cyhoeddodd hefyd y byddai UDA yn diogelu annibyniaeth a thiriogaeth China.

- Cafodd ymyriad UDA ei bwysleisio gan welliant Roosevelt i Athrawiaeth Monroe a alwyd yn Ganlyneb Roosevelt. Roedd hyn yn golygu y gallai UDA ymyrryd yng ngwledydd y Caribî, 'waeth pa mor anfodlon', os bydden nhw'n wynebu bygythiad mewnol neu allanol.

- Pwysleisiodd Roosevelt ei allu llyngesol drwy anfon 16 o longau rhyfel UDA ar fordaith o 46,000 milltir o gwmpas y byd yn 1907 er mwyn creu cyhoeddusrwydd. Cafodd ei alw yn 'Fflyd Mawr Gwyn' ac roedd yn nodi dyfodiad llynges bwerus UDA.

- Bu Roosevelt hefyd yn gweithredu fel cymodwr, gan hwyluso Cytundeb Portsmouth yn y rhyfel rhwng Rwsia a Japan yn 1904–05 a defnyddio ei ddylanwad yng Nghynhadledd Algeciras yn 1906 a lwyddodd i osgoi rhyfel rhwng Ffrainc a'r Almaen dros Argyfwng Cyntaf Moroco. Roedd UDA bellach yn cael ei derbyn fel pŵer mawr.

Woodrow Wilson a phroblem niwtraliaeth

Woodrow Wilson oedd yr arlywydd Democrataidd cyntaf i'w ethol ers ugain mlynedd yn 1912. Ag yntau'n ddyn delfrydgar, hynod grefyddol ac yn gredwr cryf mewn rhyddfrydiaeth, roedd yn awyddus i wrthdroi'r hyn roedd yn ei ystyried yn bolisïau

---

Gwirio gwybodaeth 25

Pam aeth UDA i ryfel yn erbyn Sbaen yn 1898 a beth oedd y canlyniadau?

Orville H. Platt Seneddwr o UDA a ddrafftiodd welliannau i gyfansoddiad Cuba.

Gwirio gwybodaeth 26

Beth oedd prif nodweddion polisi tramor Theodore Roosevelt?

Argyfwng Cyntaf Moroco Roedd yr Almaen yn gwrthwynebu rhannu Moroco rhwng Ffrainc a Sbaen a mynnodd gynhadledd ryngwladol yn Algeciras i ddatrys y mater.

Rhyddfrydiaeth Y syniad o ryddid personol ac economaidd, yn benodol yr hawl i eiddo, rhyddid mynegiant ac addoli, rhyddid i gymryd rhan mewn gwleidyddiaeth a masnach rydd.

ymosodol ei ragflaenwyr. Ym mis Hydref 1913 cyhoeddodd na fyddai UDA 'fyth eto'n ceisio troedfedd ychwanegol o diriogaeth drwy goncwest'.

America Ladin

Dan bwysau digwyddiadau, fodd bynnag, roedd agwedd Wilson at America Ladin yn ymddangos ychydig yn wahanol. Er iddyn nhw ei ddisgrifio drwy ddefnyddio iaith diplomyddiaeth ryddfrydol a moesol, ymyrrodd ei weinyddiaethau yn filwrol unwaith yn Cuba, ddwywaith ym Panama a bum gwaith yn Honduras. Meddianwyd Hispaniol a Haiti gan filwyr America yn 1915.

Roedd y chwyldro Mecsicanaidd oedd wedi dechrau yn 1911 yn brawf ar ddehongliad Wilson o Ganlyneb Roosevelt. Roedd Wilson yn cydymdeimlo â'r chwyldroadwyr rhyddfrydol, felly pan gipiodd unben milwrol, y Cadfridog Huerta, rym yn 1913, roedd Wilson yn gandryll. Awdurdododd ymyriad oedd ar un pwynt yn cynnwys bomio Vera Cruz, gan ladd 126 o bobl México. Llwyddodd yr ymyriad i ddigio'r ddwy ochr yn rhyfel cartref México. Roedd Wilson yn lwcus bod gwledydd America Ladin eraill wedi cyfryngu, gan atal y rhyfel cartref dros dro.

Flwyddyn yn ddiweddarach ailddechreuodd gydag un arweinydd Mecsicanaidd, Pancho Villa, yn ymosod ar dref ar ffin America. Doedd gan Wilson fawr o ddewis ond gorchymyn cyrch cosbol mewn ymateb. Aeth rhai miloedd o farchfilwyr UDA ati i ymlid Pancho Villa yn aflwyddiannus o gwmpas gogledd México. Pan ddaeth i ben ym mis Ionawr 1917 nid oedd fawr i'w ddangos ar wahân i aflonyddu teimladau pobl México .

Daeth y rhyfel cartref i ben yn 1917 a mabwysiadodd México gyfansoddiad rhyddfrydol, sef yr hyn roedd Wilson wedi'i ddymuno o'r dechrau. Ond roedd ei weithredoedd wedi clwyfo balchder cenedlaethol México yn ddwfn.

Y Rhyfel Byd Cyntaf

Niwtraliaeth?

Arweiniodd cychwyn y rhyfel yn Ewrop yn 1914 at broblemau mwy o lawer i Wilson. Ym mis Awst 1914 cyhoeddodd y byddai UDA yn niwtral. Roedd graddfa'r gwrthdaro'n golygu y byddai'r niwtraliaeth hon yn cael ei hamau. Cafodd diwydiant ac amaeth yn America hwb enfawr, gan ddarparu bwydydd, deunyddiau crai ac arfau i'r pwerau oedd yn rhyfela. Roedd UDA hefyd yn fodlon rhoi benthyg symiau enfawr o arian iddyn nhw. Erbyn 1917 roedden nhw wedi derbyn dim llai na $2 biliwn o fenthyciadau rhyfel gan UDA, gyda'r Almaen yn derbyn $27 miliwn yn unig. Protestiodd yr Almaen nad gweithredoedd gwlad niwtral oedd y rhain.

Ond roedd graddfa masnach rhwng UDA a Phrydain bob amser wedi bod yn fawr, hyd yn oed cyn y rhyfel. Beth bynnag, doedd gwneud benthyciad i wlad oedd yn rhyfela ddim erioed wedi cael ei ystyried yn dorri niwtraliaeth ac roedd asedau Prydain yn ddigon i warantu unrhyw fenthyciadau.

Rhyfela tanfor anghyfyngedig

Roedd y ddwy ochr yn y rhyfel yn ceisio **rhoi blocâd**. Blocâd traddodiadol oedd un Prydain, sef atal llongau niwtral, eu harchwilio ac atafaelu unrhyw nwyddau oedd ar y ffordd i'r Almaen. Er bod hyn yn boendod i UDA, dewisodd Wilson beidio â gwneud gormod o'r peth, yn rhannol am fod masnach yr Almaen gydag UDA'n gymharol fach, ac yn rhannol am ei fod yn ymwybodol fod y rhyfel gyda Phrydain yn 1812 i raddau wedi'i achosi gan anghydfod dros flocâd.

Blocâd Defnydd o bŵer morwrol i atal llongau masnach rhag cyrraedd gwlad y gelyn, gan amharu ar ei heconomi a'i gallu i ryfela.

Fodd bynnag ym mis Chwefror 1915 penderfynodd yr Almaen fabwysiadu math newydd o flocâd yn defnyddio llongau tanfor. Cyhoeddodd y byddai pob llong fasnach o eiddo'r gelyn, a fyddai'n mynd i'r parth rhyfel o gwmpas Prydain, yn cael ei suddo'n ddirybudd: dylai llongau niwtral felly osgoi'r parth rhyfel. Anfonodd Wilson brotest i'r Almaen: roedd moesau cyfreithiol atal a chwilio wedi'u hanwybyddu a dulliau mwy didostur wedi'u mabwysiadu.

Ar 7 Mai suddwyd y llong deithio *Lusitania* yn y parth rhyfel gan long danfor yr Almaenwyr. Suddodd mewn 20 munud, gan foddi 1,198 o bobl, 128 yn Americanwyr. Honnodd yr Almaen fod y llong wedi bod yn cludo arfau rhyfel. Roedd hyn yn wir, ond cynddeiriogwyd y cyhoedd a'r wasg yn America yn ogystal â Wilson.

Roedd ei ymateb cyntaf—eu bod 'yn rhy falch i ymladd', yn pwysleisio ei awydd i aros yn niwtral. Yn ddiweddarach caledodd ei ymateb ac, ar ôl i ragor o longau suddo, roedd yn bygwth torri cysylltiadau diplomyddol gyda'r Almaen. Flwyddyn ar ôl trychineb y *Lusitania*, ym mis Mai 1916, daeth yr Almaen â'r rhyfela tanfor anghyfyngedig i ben.

Heddwch heb fuddugoliaeth

Roedd Wilson wedi ennill buddugoliaeth sylweddol yn defnyddio diplomyddiaeth. Anogodd hyn ef i geisio cymodi a chyflawni heddwch yn Ewrop gydag UDA'n chwarae rhan flaenllaw wrth greu trefn ryngwladol newydd. Ar 18 Rhagfyr 1916 cyhoeddodd 'Nodyn Heddwch' yn galw ar y ddwy ochr i egluro eu nodau rhyfel. Yn gynt yn y mis, mewn ymgais i roi pwysau ar Brydain a Ffrainc, gorchmynodd y Banc Ffederal i rewi benthyciadau i'r ddwy wlad, gan wrthdroi polisi'r ddwy flynedd flaenorol.

Ar 22 Ionawr 1917, mewn araith ddramatig yn gofyn am 'heddwch heb fuddugoliaeth', galwodd am drefn ryngwladol newydd yn seiliedig ar Gynghrair o Genhedloedd, diarfogi a rhyddid ar y moroedd. Mewn trobwynt pwysig ym mholisi tramor America, roedd yr arlywydd yn hawlio arweinyddiaeth ar lefel fyd-eang.

Chwalwyd ymyriad Wilson yn gyflym gan arweinwyr yr Almaen oedd yn teimlo'n rhwystredig am na allant sicrhau buddugoliaeth glir yn 1916. Aethant ati'n ddisymwth i gyhoeddi eu bod am ailafael mewn rhyfela tanfor anghyfyngedig ym mis Ionawr 1917.

Y ffordd at ryfel

Roedd hyn yn risg enfawr i'r Almaen. Er bod yr Almaen yn disgwyl y byddai UDA yn siŵr o ymuno â'r rhyfel, mentrodd y cyfan ar guro'r Cynghreiriaid, yn enwedig Prydain, drwy flocâd economaidd cyn i UDA allu ymyrryd.

Ymateb Wilson oedd torri cysylltiadau diplomyddol gyda'r Almaen. Caledodd agwedd y cyhoedd yn America wrth i longau gael eu suddo. Bu bron i ymgyrch yr Almaen lwyddo a dim ond drwy gyflwyno **llongau gwarchod** yr achubwyd Prydain yn haf 1917.

Daeth yr hwb olaf i UDA gyda chyhoeddi telegraff Zimmerman ym mis Mawrth 1917. Anfonwyd neges gan weinidog tramor yr Almaen, Zimmerman, i lywodraeth México, yn awgrymu cyngrhair, gan fanteisio ar y teimladau garw ym México yn dilyn ymyrraeth UDA yn y chwyldro. Roedd addewid amwys y byddai'r Almaen yn cynorthwyo México i adfer tiriogaethau oedd wedi'u colli i UDA yn 1846-48. Daliwyd y neges ar ei ffordd gan guddwybodaeth Prydain a'i gollwng i lysgennad UDA yn Llundain. Ystyriwyd bod neges yr Almaenwyr, ar y lleiaf, yn torri Athrawiaeth Monroe, ac yn fwy difrifol fyth, yn fygythiad ymosodol i ddiogelwch UDA.

Ar 2 Ebrill, 1917 gofynnodd Wilson i'r Gyngres am ddatganiad o ryfel yn erbyn yr Almaen. Er mai'r bygythiad i fuddiannau Americanaidd oedd yr hwb i gyhoeddi rhyfel, roedd Wilson

Llongau gwarchod Grŵp o longau masnach wedi'u diogelu gan longau rhyfel.

Gwirio gwybodaeth 27

Pam aeth UDA i ryfel yn erbyn yr Almaen yn 1917?

yn ofalus i bwysleisio goruchafiaeth foesol America gyda'r honiad croch 'Rhaid diogelu'r byd yn barod ar gyfer democratiaeth'. Pleidleisiodd y Gyngres yn llethol o blaid rhyfel.

Cyfraniad America i fuddugoliaeth y Cynghreiriaid

Daeth yr Americanwyr ag ysbryd newydd i achos y Cynghreiriaid oedd wedi dioddef yn sgil cwymp Rwsia, yr ymgyrch llongau tanfor a'r sefyllfa ddiddatrys ar y Ffrynt Gorllewinol. Roedd cryfder diwydiannol ac ariannol America bellach yn cynnal gelynion yr Almaen gan roi cyflenwadau digonol o arfau a chyllid iddyn nhw.

Ymunodd llynges bwerus America â'r Llynges Frenhinol. Curwyd ymgyrch llongau tanfor yr Almaen gyda chyflwyno'r llongau gwarchod ac roedd iardiau llongau America'n gallu darparu llongau newydd i gymryd lle'r rhan fwyaf o'r rhai a gollwyd. Achosodd blocâd y Cynghreiriaid galedi difrifol a newyn ar ffrynt cartref yr Almaen, oedd yn ffactor allweddol yng ngorchfygiad yr Almaen.

Tyfodd byddin America yn gyflym ar ôl mis Mai 1917. Erbyn mis Mawrth 1918 roedd 300,000 o filwyr UDA yn Ffrainc ac erbyn mis Tachwedd 1918 roedd 2 filiwn. O dan arweiniad y Cadfridog Pershing, roedd lluoedd America'n gweithredu'n annibynnol. Yn ystod yr ymosodiadau mawr olaf gan yr Almaen ar y Ffrynt Gorllewinol ym mis Mai a mis Mehefin 1918, chwaraeodd milwyr America ran bwysig yn gwrthsefyll cyrch yr Almaenwyr yn Château-Thierry a Choedwig Belleau.

Chwaraeodd byddin UDA ei rhan hefyd yn y gyfres o ymosodiadau'r Cynghreiriaid ar y Ffrynt Gorllewinol a dorrodd gwrthsafiad yr Almaenwyr yn ystod hydref 1918. Roedd cyrch Meuse–Argonne, a gynlluniwyd ac a weithredwyd gan Pershing, yn cynnwys 1.2 miliwn o filwyr UDA. Erbyn i'r Almaen ofyn am gadoediad ym mis Tachwedd 1918, roedd UDA wedi dioddef 109,000 o farwolaethau – colledion trwm o ystyried y cyfnod cymharol fyr roedd UDA wedi bod yn y rhyfel.

Er i'r Americanwyr wneud sawl cyfraniad uniongyrchol i'r fuddugoliaeth, mae'n bosibl mai eu heffaith anuniongyrchol yn argyhoeddi'r Almaen na allai ennill y rhyfel yn y tymor hir a drôdd y canlyniad.

Y cytundebau heddwch

Y Pedwar Pwynt ar Ddeg

Roedd yr Arlywydd Wilson eisoes wedi egluro ei agenda yn ei neges ym mis Ionawr 1917 cyn i UDA gyhoeddi rhyfel. Dilynodd hyn ym mis Ionawr 1918 gyda chyhoeddi ei Bedwar Pwynt ar Ddeg. Mynnodd nad oedd America wedi mynd i ryfel yn erbyn yr Almaen fel un o'r Cynghreiriaid: roedd UDA yn bŵer cyswllt. Heb ymgynghori â'r un o'r Cynghreiriaid, cyhoeddodd ei gynlluniau i'r Gyngres. Nod y Pedwar Pwynt ar Ddeg oedd trefn byd newydd ar ôl y rhyfel yn seiliedig ar **hunanbenderfyniad** i bobloedd ymerodraeth Awstria-Hwngari, diarfogi, rhyddid y moroedd, dileu diplomyddiaeth gyfrinachol, ac yn hanfodol, sefydlu Cynghrair y Cenhedloedd i gadw'r heddwch yn y dyfodol. Roedd hon yn ymgais ddewr gan arlywydd Americanaidd i dra-arglwyddiaethu ar y byd ar ôl y rhyfel: doedd dim byd tebyg i'r uchelgais hon wedi'i weld erioed o'r blaen.

Y trafodaethau heddwch

Pan geisiodd yr Almaen gadoediad ym mis Tachwedd 1918, gwnaeth hynny ar y sail y dylid ei seilio ar y Pedwar Pwynt ar Ddeg. Ond roedd y Cynghreiriaid yn benderfynol o gael heddwch mwy cosbol, gan alw am **iawndaliadau** gan eu gelyn a chyfeddiant

---

Gwirio gwybodaeth 28

Beth oedd cyfraniad America i fuddugoliaeth y Cynghreiriaid yn y Rhyfel Byd Cyntaf?

Hunanbenderfyniad Hawl unrhyw grŵp cenedlaethol i sefydlu ei gwladwriaeth genedlaethol ei hun.

Iawndaliadau Taliadau gan yr Almaen a'i chynghreiriaid a osodwyd gan y cynghreiriaid buddugol fel iawndal am gostau'r rhyfel.

tiriogaeth y gelyn. Yn y cyfnod cyn dechrau'r trafodaethau, cymerodd Wilson gam gwag – o ystyried bod y Gweriniaethwyr bellach yn rheoli Tŷ'r Cynrychiolwyr a'r Senedd, byddai wedi bod yn ddoeth iddo estyn allan am gymorth ganddyn nhw i wneud yn siŵr y byddai'r cytundeb terfynol yn cael ei **gadarnhau**. Ond gwrthododd gysylltu â'i wrthwynebwyr gwleidyddol a gadawodd am Ewrop yn benderfynol o drafod y cytundeb heddwch ar ei ben ei hun.

Cyflawnodd Wilson beth llwyddiant yn nhrafodaethau'r cytundeb heddwch. Cafodd Cynghrair y Cenhedloedd ei gynnwys yn y cytundeb. Roedd hunanbenderfyniad yn egwyddor bwysig a dderbyniwyd ar y cyfan gan y rheini oedd yn ceisio heddwch. Ond roedd rhaid i Wilson gyfaddawdu ar yr iawndaliadau: er bod y cytundeb yn llym yn hyn o beth, mae'n debyg y byddai wedi bod yn fwy llym fyth heb Wilson, ac yn bendant ni fyddai Cynghrair y Cenhedloedd wedi'i sefydlu.

Gwrthwynebiad i bolisi Wilson

Cododd yr anhawster pan ddychwelodd i UDA. Roedd llawer o wleidyddion Americanaidd yn anhapus gyda chysyniad Cynghrair y Cenhedloedd, yn rhannol oherwydd y gallai dynnu UDA i wrthdaro pellach gan orfodi **diogelwch cyfunol**. Yn fwy arwyddocaol, roedd beirniaid dan arweiniad y Gweriniaethwr Henry Cabot Lodge yn mynnu ei fod yn tanseilio Cyfansoddiad UDA drwy gyfyngu ar bŵer y Gyngres i gyhoeddi rhyfel. Gwrthododd Wilson gyfaddawdu, fel y gwnaeth ei wrthwynebwyr Gweriniaethol.

Dioddefodd Wilson strôc ar 2 Hydref 1919 a roddodd ddiwedd ar ei yrfa wleidyddol. Methodd y cytundeb â sicrhau'r mwyafrif angenrheidiol o ddwy ran o dair i gael ei gadarnhau yn y Senedd. Yn y pen draw llofnodwyd cytundeb heddwch gyda'r Almaen ond ni ymunodd UDA â Chynghrair y Cenhedloedd oherwydd pleidlais y Senedd. Ffurfiwyd Cynghrair y Cenhedloedd ond ni lwyddodd i atal ymosodedd Japan a'r Eidal yn erbyn aelodau o'r gynghrair yn y 1930au. Roedd rhyng-genedlaetholdeb Wilson ar ben a sicrhaodd y Gweriniaethwyr fuddugoliaeth enfawr yn etholiad arlywyddol 1920.

Themâu ym mholisi tramor UDA 1890-1920

Imperialaeth

Ambell waith cyfeirir at y cyfnod fel oes imperialaeth Americanaidd. Er bod cyfeddiant tiriogaethau'r Sbaenwyr a drechwyd ac ehangu dylanwad America yn America Ladin ac ardal y Cefnfor Tawel yn dystiolaeth o ledaenu pŵer America, mae'n wir hefyd fod llawer o Americanwyr yn anesmwyth gyda'r datblygiad hwn. Roedd holl sail America fel gwlad annibynnol yn 1776 ynddi ei hun yn wrth-imperialaidd, traddodiad oedd i'w weld yn rhannol yn Athrawiaeth Monroe.

America Ladin

Roedd datblygiad economi pwerus America yn ffactor pwysig yn y galw am ddiogelu masnach a chanolfannau tramor. Drwy dreiddio i wledydd America Ladin cafodd buddiannau busnes Americanaidd ddylanwad ar gyfeiriad polisi tramor America. Yn y cyfnod 1890-1920 defnyddiwyd Canlyneb Roosevelt, gyda'r ymyriad oedd yn dilyn hynny yn gyson gan arlywyddion Gweriniaethol a Democrataidd yn y gwledydd America Ladin.

Delfrydiaeth

Roedd elfen foesol, hyd yn oed ddelfrydol, i'w gweld ym mholisi tramor America er bod effaith Darwiniaeth gymdeithasol hiliol i'w weld yn ddiweddarach ar y cysyniad o'r

---

Cadarnhad
Cymeradwyaeth i fesur deddfwriaethol sy'n rhoi pŵer cyfreithiol iddo, e.e. rhaid i Senedd UDA gymeradwyo unrhyw gytundeb yr eir iddo gan arlywydd.

Diogelwch cyfunol
Cynnal yr heddwch gan weithredoedd y gymuned ryngwladol yn erbyn ymosodedd.

Gwirio gwybodaeth 29

Pam y bu i bolisi tramor Woodrow Wilson wynebu gwrthwynebiad difrifol yn Senedd UDA?

Arfaeth Amlwg. Fel y nododd Abraham Lincoln yn 1862 ar ôl llofnodi'r Datganiad Rhyddfreiniad, UDA oedd 'y gobaith olaf gorau' ar y ddaear ar gyfer sicrhau democratiaeth. Y pleidiwr cryfaf dros y ddelfrydiaeth hon mae'n debyg oedd Woodrow Wilson, a aeth ati'n fuan iawn i bortreadu'r Almaen fel lle annemocrataidd, milwriaethol oedd yn cael ei reoli gan Kaiser unbeniaethol. Pan ofynnodd yr Almaen am gadoediad ym mis Hydref 1918, Wilson oedd yr un a fynnodd fod rhaid i'r Almaen newid ei llywodraeth a disodli'r Kaiser *cyn* y byddai UDA'n derbyn cadoediad.

Buddiannau cenedlaethol

Dylid cofio bod Wilson wedi mynd i ryfel i ddiogelu rhyddid America ar y moroedd ac oherwydd y bygythiad i fuddiannau cenedlaethol a gafodd eu datgelu yn nhelegram Zimmerman. Nid oedd rhyng-genedlaetholdeb Wilson o reidrwydd yn eithrio diogelu buddiannau cenedlaethol UDA.

Pŵer economaidd

Erbyn 1920 doedd dim amheuaeth bellach mai America oedd y pŵer economaidd goruchaf mwyaf yn y byd, nid yn unig yn nhermau ei chryfder diwydiannol ond hefyd ei gafael ariannol ar bwerau blaenllaw eraill y byd. Roedd yr Almaen, Prydain a Ffrainc bellach yn ddibynnol ar UDA yn ariannol.

Statws Pŵer mawr

Yn ddiplomyddol hefyd roedd UDA wedi dod i oed. Er nad oedd Pedwar Pwynt ar Ddeg Wilson wedi'u mabwysiadu'n llawn, doedd dim modd osgoi ei ddylanwad ar y setliad heddwch a chreu Cynghrair y Cenhedloedd. Erbyn 1920 roedd UDA hefyd yn tra-arglwyddiaethu yn y Caribî ac wedi dod yn bŵer yn ardal y Cefnfor Tawel. Er i UDA gael ei hystyried yn bŵer eilradd yn 1890, erbyn 1920 roedd UDA yn drechol yn economaidd, ac yn meddu ar y llynges ail fwyaf yn y byd (a chyn hir byddai'n gyfartal â'r Llynges Frenhinol), byddin enfawr o 2 filiwn o ddynion oedd wedi cyfrannu at orchfygu'r Almaen, ac arlywydd oedd wedi hawlio arweinyddiaeth y byd mewn ffordd na welwyd ei debyg yn ystod nac ar ôl y Rhyfel Byd Cyntaf.

I ba raddau oedd ymynysu'n llywio polisi tramor UDA ar ôl 1920?

Cyfrannodd methiant Wilson i sicrhau cytundeb ar ei gysyniad o Gynghrair y Cenhedloedd, yr ymateb yn erbyn cost ymwneud UDA â'r Rhyfel Byd Cyntaf ac anfodlonrwydd â'r hyn a welwyd fel ymddygiad hunanol, imperialaidd y cyngrheiriaid yn Versailles at dueddiad ymynysol cryf ym mholisi tramor UDA ar ôl y rhyfel.

Cenedlaetholdeb economaidd

Daeth diogelu economi America'n flaenoriaeth bwysig gyda deddf Fordney-McCumber yn 1922, a gyflwynodd y tariffau mewnforio uchaf erioed gan lywodraeth yn UDA. Atgyfnerthwyd y cenedlaetholdeb economaidd cul hwn pan ddechreuodd y Dirwasgiad Mawr a Deddf Tariff Hawley-Smoot yn 1930 – ymgais arall i ddiogelu economi UDA a gafodd effaith trychinebus ar fasnach y byd drwy ddwysau'r Dirwasgiad.

Yn naturiol roedd y farn gyhoeddus yn America'n poeni mwy am effaith domestig y Dirwasgiad Mawr nag am ddigwyddiadau tramor. Roedd diffyg ymddiriedaeth mewn bancwyr a busnesau mawr, oedd â'r mwyaf i'w ennill drwy gysylltiadau rhyngwladol, hefyd yn ffactor a ddylanwadodd ar y tueddiad ymynysol.

Cyngor

Mae'n bwysig deall bod themâu cyferbyniol a gwrthwynebol ar adegau'n dylanwadu ar bolisi tramor UDA.

Pwyllgor Nye

Yn 1934 penododd y Senedd wleidydd Gweriniaethol ymynysol, Gerald Nye, i ymchwilio i'r fasnach arfau. Roedd gwrandawiadau Pwyllgor Nye yn cynnwys llawer o dystiolaeth o arferion amheus y fasnach arfau a'r elw enfawr a gynhyrchwyd gan ddiwydianwyr a chyllidwyr Americanaidd yn ystod y Rhyfel Byd Cyntaf. Daeth llawer o Americanwyr i'r casgliad anghyfforddus fod UDA wedi mynd i ryfel yn 1917 dan anogaeth grwpiau arbennig a fyddai'n elwa o fuddion economaidd rhyfel. Awgrymodd arolwg barn fod 70% o Americanwyr yn teimlo bod ymuno â'r Rhyfel Byd Cyntaf wedi bod yn gamgymeriad.

Deddfau Niwtraliaeth

Gan gofio addewidion Wilson yn etholiad 1916 y byddai'n cadw America allan o'r rhyfel Ewropeaidd a dan ddylanwad canfyddiadau Pwyllgor Nye, pasiodd y Gyngres ddeddfwriaeth bwysig i osgoi ailadrodd yr hyn a ddigwyddodd yn 1917. Yn 1935 roedd y Ddeddf Niwtraliaeth gyntaf yn ei gwneud yn ofynnol i'r arlywydd gyhoeddi embargo arfau yn erbyn pob ochr mewn rhyfel ac yn ei rymuso i rybuddio dinasyddion Americanaidd i beidio â theithio ar longau'r gwledydd oedd yn rhyfela. Roedd yr atgof am y Lusitania ac ymosodiad Mussolini ar Ethiopia yn 1935 yn amlwg ym meddyliau'r Gyngres.

Roedd yr Ail Ddeddf Niwtraliaeth yn 1936 yn gwahardd rhoi benthyciadau rhyfel a chredydau i unrhyw ochr oedd yn ymladd. Cadarnhaodd y Drydedd Ddeddf Niwtraliaeth yn 1937 y ddarpariaeth gynharach gan wneud teithio ar longau rhyfel yn anghyfreithlon.

Er hynny, byddai disgrifio polisi America yn y cyfnod hwn fel un ymynysol llwyr yn gamarweiniol.

Iawndaliadau

Roedd pwysigrwydd yr economi, a adlewyrchwyd ym mholisi tollau uchel y cyfnod hefyd yn golygu ei bod yn anorfod bod America'n gysylltiedig â'r ymrwymiadau economaidd rhyngwladol. Roedd wedi benthyg $10.35 biliwn i'w chynghreiriad rhyfel – roedd mabwysiadu polisi tollau uchel yn golygu nad oedd gwledydd fel Prydain a Ffrainc yn gallu dibynnu ar fasnach gweithgynhyrchu cynyddol i dalu eu dyledion. Roedd y ddwy wlad hefyd wedi defnyddio eu holl gronfeydd aur yn ystod y rhyfel. Yr unig ffordd ymlaen iddyn nhw oedd dibynnu ar iawndaliadau gan yr Almaen i glirio eu dyled.

Pan fethodd yr Almaen â thalu'r iawndaliadau yn 1923 yn ystod cyfnod **meddiannu'r Ruhr**, cafodd UDA eu gorfodi i ymyrryd. Nid oedd mor hawdd ymddieithrio o faterion Ewropeaidd ag oedd yr ymynyswyr yn ei ddymuno. Sefydlodd yr Americanwyr Gynllun Dawes yn 1924 a Chynllun Young yn 1929, a aildrefnodd iawndaliadau'r Almaenwyr, a buddsoddi $2.5 biliwn yn yr Almaen er mwyn i gynghreiriau UDA ad-dalu eu dyled rhyfel. Er bod hyn yn sefydlogi'r sefyllfa, tanseiliodd cwymp economi America ar ôl 1929 ad-daliadau'r dyledion rhyfel yn llwyr ynghyd â'r rhan fwyaf o economïau Ewrop.

Cynhadledd Forwrol Washington

Er bod y Gweriniaethwyr yn amheus o Gynghrair y Cenhedloedd, aeth yr Americanwyr ati i drefnu Cynhadledd Forwrol Washington yn 1921. Cafwyd ymdrech gref i gyfyngu ar arfau, yn enwedig arfau morwrol. Roedd diarfogi'n cael ei ystyried y fodd poblogaidd o osgoi rhyfel ac efallai, yn bwysicach, fel ffordd o leihau gwariant y ffordd boblogaidd.

Meddiannu'r Ruhr, 1923 Pan nad oedd yr Almaen yn gallu talu ei hiawndaliadau'n llawn, tarodd Ffrainc yn ôl drwy feddiannu'r Ruhr, canolbwynt diwydiannol yr Almaen. Cwympodd economi wan yr Almaen gyda'i chwyddiant afreolus yn bygwth cwymp economaidd cyffredinol drwy Ewrop.

llywodraeth. Roedd pryderon am lynges Japan oedd yn cryfhau'n gyson, ei chynghrair gyda Phrydain (ers 1902) a'r bygythiad posibl i fuddiannau Americanaidd yn ardal y Cefnor Tawel a China. Canlyniadau'r gynhadledd oedd:

- cynfod o ddeg mlynedd pan na fyddai unrhyw longau cyfalaf yn cael eu hadeiladu gan unrhyw brif bŵer.
- byddai pwerau morwrol blaenllaw'r byd yn derbyn cymhareb o $5:5:3:1.75:1:75$ mewn llongau cyfalaf ar gyfer Prydain, UDA, Ffrainc a'r Eidal
- diwedd y cytundeb Eingl-Japaneaidd
- Ildiodd Prydain ei goruchafiaeth morwrol, gan dderbyn cydraddoldeb gydag UDA gan nad oedd ganddi'r adnoddau ariannol i gystadlu.

Y gynhadledd hon oedd y cytundeb rhyngwladol cyntaf ar gyfyngu arfau, a gynullwyd yn arwyddocaol gan UDA yn ystod cyfnod o ymynysu tybiedig.

Cytundeb Kellogg-Briand 1928

Yn 1928 llofnododd ysgrifennydd gwladol America, Frank Kellogg, gytundeb oedd yn troi cefn ar ryfel. Galwyd y cytundeb yn Gytundeb Kellogg-Briand (ar ôl Kellogg a gweinidog tramor Ffrainc), a chafodd gefnogaeth 62 o wledydd. Cytundeb symbolaidd yn unig oedd hwn gan nad oedd trefniant i orfodi ei ddarpariaethau, ond, fel gyda Chynhadledd Forwrol Washington, roedd yn dangos nad oedd polisi America'n gwbl ymynysol.

America Ladin

Roedd diddordebau America yn America Ladin yn parhau yn ei pholisi tramor. Roedd buddsoddiad a buddiannau economaidd Americanaidd yng ngwledydd America Ladin yn enfawr, gydag amcangyfrif o $3.5 biliwn erbyn 1929. Fodd bynnag cafwyd rhywfaint o lacio ar bresenoldeb milwrol America yn ystod y 1920au. Tynnwyd milwyr o Cuba yn 1922 ac o Santo Domingo yn 1924. Aeth yr Arlywydd Hoover (1929-33) ar daith ewyllys da mewn 11 o wledydd America Ladin yn 1930 ac yn arwyddocaol penderfynodd beidio ag ymyrryd pan gafwyd chwyldro yn Brasil, Cuba a Panama yn 1930-31. Cyhoeddodd yr Arlywydd Roosevelt (1933-45) bolisi 'Cymydog Da' yn America Ladin. Un o ganlyniadau mwyaf arwyddocaol hyn oedd i Roosevelt dderbyn penderfyniad México yn 1938 i wladoli'r holl gwmnïau olew tramor – ni chafwyd ymyrraeth filwrol gan UDA er gwaethaf lobïo pwerus yr *US Standard Oil Company*.

Er gwaethaf cryfder yr ymynysu, byddai'r sefyllfa oedd yn gwaethygu yn Ewrop ac Asia yn sbarduno ailasesiad o bolisi tramor UDA.

Llongau cyfalaf Y llongau rhyfel pwysicaf yn y llynges, fel arfer llongau brwydro a llongau awyrennau.

Cyngor

Er bod polisïau economaidd diffyndollol a'r Deddfau Niwtraliaeth yn awgrymu cryfder ymynysedd, cofiwch fod y rhan y chwaraeodd UDA yn trefnu iawndaliadau a diarfogi yn y 1920 yn datgelu ei bod yn ymwneud yn ymarferol â materion rhyngwladol.

Crynodeb

Pan fyddwch chi wedi cwblhau'r testun hwn dylai fod gennych wybodaeth a dealltwriaeth drylwyr o'r materion canlynol:

- y dylanwadau pwysicaf ar bolisi tramor UDA ar ddiwedd y bedwaredd ganrif ar bymtheg
- y rhesymau dros ymddangosiad imperialaeth
- pwysigrwydd polisi tramor Woodrow Wilson
- cyfraniad UDA i fuddugoliaeth y Cynghreiriaid yn y Rhyfel Byd Cyntaf
- y rhesymau pam na chyflawnodd Wilson ei nodau
- prif themâu polisi tramor UDA
- graddfa ymynysedd UDA yn y 1920au a'r 1930au

Yr effaith a gafodd UDA ar yr Ail Ryfel Byd a'r Rhyfel Oer, 1937-75

Franklin Roosevelt ac ymuno â'r Ail Ryfel Byd, 1937–41

Etholwyd Franklin D. Roosevelt yn arlywydd yn 1932. Ar anterth y Dirwasgiad Mawr, blaenoriaeth Roosevelt oedd atgyweirio economi America a sefydlu rhaglen y Fargen Newydd: yn ystod ei weinyddiaeth gyntaf (1933-37) roedd polisi tramor yn flaenoriaeth isel.

Roedd credoau Roosevelt ei hun yn gadarn yn y traddodiad Wilsonaidd. Fodd bynnag roedd Roosevelt yn wleidydd craff, ac yn ymwybodol iawn o'r tueddiad ymynysol poblogaidd yng ngwleidyddiaeth UDA, felly ar y dechrau ni wnaeth lawer i herio ymynysedd na gwrthwynebu'r Deddfau Niwtraliaeth a basiwyd yn 1935-37.

Er hynny roedd y sefyllfa ryngwladol yn dirywio ac yn tywyllu erbyn canol y 1930au:

- Roedd yr Almaen yn atgyfodi dan ei harweinydd newydd Adolf Hitler ac yn torri telerau Cytundeb Versailles drwy ailarfogi.
- Roedd yr unben Eidalaidd Benito Mussolini wedi ymosod ar Ethiopia gan herio Cynghrair y Cenhedloedd.
- Roedd rhyfel cartref Sbaen wedi dechrau gan dynnu'r Almaen a'r Eidal i mewn ar yr ochr ffasgaidd.
- Roedd Japan wedi goresgyn China, gan ladd miloedd o bobl gyffredin China yn Nanking yn 1937.

Dechreuodd Roosevelt gwestiynu doethineb ymynysedd.

Straen niwtraliaeth

Ym mis Hydref 1937, cwestiynodd Roosevelt a oedd niwtraliaeth ac ymynysedd yn ymatebion digonol. Yn ddadleuol, awgrymodd y dylid gosod cenhedloedd ymosodol mewn cwarantin. Doedd hi ddim yn glir a oedd hyn yn golygu cosbau economaidd neu dorri cysylltiadau diplomyddol. Cafwyd adlach ymynysol yn y wasg a'r Gyngres. Gwadodd Roosevelt ar unwaith fod ganddo gynlluniau ar gyfer unrhyw weithredu penodol.

Ym mis Rhagfyr 1937 suddodd awyren Japaneaidd y llong arfau Americanaidd *Panay* yn Afon Yangtze, China, gan ladd tri morwr o UDA ac anafu 45. Roedd ymateb cyhoedd America yn dawel o'i gymharu â'r dicter ynglŷn â'r *Maine* a'r *Lusitania*. Yr ymateb mwyaf cyffredin ymhlith y cyhoedd oedd galw am dynnu llongau America o'r Dwyrain Pell. Anfonodd llywodraeth UDA brotest ac ymddiheurodd Japan.

Gyda'r Deddfau Niwtraliaeth a diffyg parodrwydd lluoedd arfog UDA yn ei ffrwyno, doedd gan Roosevelt ddim mwy na rôl gwyliwr ymylol yn ystod argyfwng München yn 1938. Diystyrodd Neville Chamberlain, Prif Weinidog Prydain, syniad Roosevelt o gynhadledd fyd-eang ar ddiarfogi a phroblemau gwleidyddol gyda dirmyg, gan ddechrau ar ei bolisi ei hun o **ddyhuddiad**, gan ddweud 'na ellir disgwyl dim mwy na geiriau gan yr Americanwyr'.

Argyfwng München Cynhadledd o brif bwerau Ewrop ym mis Medi 1938 i ddatrys galwadau Hitler i gyfeddiannu'r Sudetenland o Czechoslovakia.

Dyhuddo Polisi wedi'i gynllunio i ddileu achosion gwrthdaro drwy drafod. Ers yr Ail Ryfel Byd mae'n derm beirniadol sy'n awgrymu diffyg asgwrn cefn ac ildio i ymosodwyr.

Fodd bynnag roedd diffyg parodrwydd milwrol truenus America'n ddigon amlwg i ymynyswyr fel roedd i Roosevelt. Mewn gweithred arwyddocaol yn 1938, cymeradwyodd y Gyngres Ddeddf Ehangu Morwrol, y cyllid mwyaf a roddwyd erioed i'r llynges mewn cyfnod o heddwch ar y pryd. Yn gynnar yn 1939 sicrhaodd Roosevelt hefyd $525 miliwn o gyllid i ehangu'r llu awyr.

Y ffordd at ryfel

Niwtraliaeth

Pan ddechreuodd rhyfel yn Ewrop ym mis Medi 1939, cafwyd y proclamasiwn disgwyliedig o niwtraliaeth, ond roedd yn wahanol i ddatganiad 1914. Yn un o'i **'sgyrsiau aelwyd'** nododd Roosevelt 'nad oes modd gofyn hyd yn oed i rywun niwtral gau ei feddwl neu ei gydwybod'.

Roedd yn credu bod y Deddfau Niwtraliaeth yn rhwystr a galwodd y Gyngres i sesiwn arbennig i adolygu'r deddfau niwtraliaeth. Ar ôl llawer o ddadlau a thrafod, pasiodd y Gyngres Ddeddf Niwtraliaeth newydd ym mis Tachwedd 1939:

- diddymwyd yr embargo arfau
- gallai rhyfelwyr brynu arfau ar sail **talu a chludo**.

Fodd bynnag roedd y gwaharddiad ar fenthyciadau Americanaidd i ryfelwyr yn parhau.

Newid agweddau at ymynysu

Roedd agweddau at ddoethineb ymynysu bellach yn newid yn UDA:

- Drwy ddinistrio ardrefniant München ac ymosodiad yr Almaen ar wlad Pwyl yn 1939, roedd Adolf Hitler wedi dangos ei fwriadau ymosodol.
- Roedd buddugoliaethau'r Almaen yn 1940 dros Ffrainc a Phrydain yn sioc enfawr – doedd neb yn disgwyl y byddai Ffrainc yn cael ei gorchfygu mewn chwe wythnos ac i fyddin Prydain gael ei gyrru o'r cyfandir.
- Roedd goruchafiaeth yr Almaen yn Ewrop bellach yn cael ei weld yn fygythiad i ddiogelwch America, yn enwedig pe byddai'r Almaen yn rheoli llyngesoedd Prydain a Ffrainc a holl arfordir dwyreiniol yr Iwerydd.
- Enynnodd gwrthsafiad parhaus Prydain yn erbyn yr Almaen a'i llwyddiant ym Mrwydr Prydain gydymdeimlad a chefnogaeth yn UDA. Manteisiodd prif weinidog newydd, Winston Churchill, ar ei linach Americanaidd a'i gefnogaeth barhaus i UDA. Cafodd darllediadau radio Ed Murrow o Lundain dan warchae yn ystod y Blitz effaith ddofn ar farn y cyhoedd yn America.
- Roedd polisïau hiliol Hitler yn cael sylw eang ac roedd y rhain ynghyd ag ymosodiadau **Kristallnacht** ar Iddewon yn 1938 wedi peri ofn a ffieidd-dod ym meddyliau llawer o Americanwyr.
- Roedd y Cytundeb Tridarn rhwng yr Almaen, yr Eidal a Japan ym mis Medi 1940 yn gytundeb i helpu ei gilydd ac a fwriadwyd yn glir i atal UDA rhag ymyrryd yn eu herbyn.

Gwarchod diogelwch UDA

Doedd hi ddim yn anodd i Roosevelt ddadlau bod cefnogi Prydain yn hanfodol i warchod diogelwch America. Llwyddodd i osgoi'r Ddeddf Niwtraliaeth mewn dwy ffordd mewn gorchymyn gweithredol yn 1940:

- trefnodd i drosglwyddo cyfarpar milwrol 'dros ben' i Brydain
- trefnodd i drosglwyddo 50 o longau distryw i Brydain yn gyfnewid am brydlesi 90 mlynedd ar ganolfannau i UDA mewn chwe trefedigaeth Brydeinig.

Sgwrs aelwyd Darllediad radio anffurfiol gan Roosevelt o'r aelwyd yn y Tŷ Gwyn i bobl America.

Talu a chludo Byddai'n rhaid i'r Cynghreiriaid dalu arian parod am arfau a gwneud eu trefniadau eu hunain i'w cludo i Ewrop.

Gwirio gwybodaeth 30

Pam newidiodd yr agwedd at ymynysedd?

Blitz Bomio dinasoedd Prydain gan yr Almaen.

Kristallnacht Ymosodiadau ar siopau a busnesau Iddewig yn 1938, cyfeiriad at y ffenestri a dorrwyd.

Gweithredodd Prydain ym mis Gorffennaf 1940 gan ddinistrio neu ddadfyddino llynges Ffrainc yn ddidostur i'w hatal rhag mynd i ddwylo'r Almaen, ac roedd hyn yn galondid mawr i UDA. Sicrhaodd Roosevelt gefnogaeth y Gyngres i ehangu amddiffyniad America'n barhaus:

- Roedd y grantiau i'r llynges a'r llu awyr hyd yn oed yn fwy nag yn 1938–39, gan gynnwys ymrwymiad rhyfeddol i adeiladu 50,000 awyren y flwyddyn.
- Yn fwy dadleuol oedd cyflwyno consgripsiwn yn ystod cyfnod o heddwch ym mis Medi 1940 er mwyn ehangu holl luoedd arfog UDA. Roedd hyn yn rhywbeth na wnaed erioed o'r blaen.
- Sefydlwyd Pwyllgor Ymchwil Amddiffyn Cenedlaethol (*National Defence Research Committee*) ym mis Mehefin 1940 i gydlynu gwaith ar arfau newydd (yn y pen draw byddai'n datblygu'r bom atomig).

Gwrthwynebiad i Roosevelt

Sbardunodd polisi tramor rhagweithiol Roosevelt, ac yn enwedig y penderfyniad i gyfnewid y llongau distryw, ymateb ffyrnig.

Roedd grŵp o ddynion busnes Chicago o blaid ffurfio Pwyllgor America yn Gyntaf (*America First Committee*) oedd yn cefnogi ymynysu'n gryf, gan honni nad oedd yr Almaen dan Hitler yn fygythiad a bod cefnogi Prydain yn risg diangen.

Doedd y Pwyllgor ddim yn gwrthwynebu cryfhau amddiffynfeydd America, ond roedd am gadw allan o unrhyw ryfel. Bwriwyd amheuon ar y mudiad i raddau gan rai o'r cymeriadau brith a ymunodd â'i rengoedd, yn benodol y gwrth-Semitiwr drwgenwog Father Coughlin (oedd yn groch ei wrthwynebiad i Roosevelt), comiwnyddion a chefnogwyr amlwg i'r Natsïaid fel y Bund Almaenig-Americanwyr.

Yn naturiol roedd polisi tramor yn bwnc allweddol yn etholiad arlywyddol 1940 a dangosodd Roosevelt bob gofal fel arfer, gan addo 'na fyddai meibion America'n cael eu hanfon i unrhyw ryfel tramor.' Llwyddodd i ennill ond gyda llai o argyhoeddiad nag yn 1932 a 1936 - yr unig arlywydd i wasanaethu tri thymor yn America.

Sut newidiodd gweithredoedd Roosevelt yn 1940-41 gyfeiriad polisi tramor UDA?

Les-Fenthyg

Er ei fod yn argyhoeddedig fod angen i UDA gefnogi gwrthsafiad parhaus Prydain, roedd Roosevelt yn gwybod na fyddai benthyciadau'n bosibl oherwydd cyfyngiadau'r Deddf Niwtraliaeth. Doedd helynt Prydain ddim yn gallu aros am ddadl hirfaith yn y Gyngres i newid y Deddfau. Yn lle hynny dyfeisiodd yr arlywydd ddatrysiad medrus i'w broblem – yn lle benthyg arian, byddai UDA yn benthyg nwyddau.

Byddai'r Bil Les-Fenthyg a anfonodd Roosevelt i'r Gyngres yn galluogi UDA i werthu, prydlesu neu fenthyca arfau a chyflenwadau rhyfel eraill i unrhyw wlad yr oedd eu hamddiffyniad yn hanfodol i ddiogelwch UDA.

Ym mis Rhagfyr 1940 cymharodd ei gynllun â'r syniad o fenthyca peipen ddŵr i gymydog yr oedd ei dŷ ar dan. Mewn un o'i sgyrsiau aelwyd mwyaf llwyddiannus ychydig o ddyddiau'n ddiweddarach, esboniodd pe bai Prydain yn cwympo, y byddai America'n gorfod byw 'yn wynebu gwn' ac mai ei brif bwrpas oedd cadw rhyfel draw o America drwy gryfhau Prydain. Mewn ymadrodd a fyddai'n bellgyrhaeddol, byddai America'n dod yn 'arsenal mawr democratiaeth'. Cofrestrodd yr arolygon barn 80% o gymeradwyaeth i araith yr arlywydd. Doedd y Gyngres ddim mor siŵr a chafwyd dau fis o ddadlau, ond pasiwyd y bil a derbyniodd Prydain y swm rhyfeddol o $7 biliwn o gymorth yn y gyfran Les-Fenthyg gyntaf. Yn yr Almaen, disgrifiodd y gweinidog propaganda, Dr Goebbels, Les-Fenthyg fel datganiad o ryfel.

Sefyll yn erbyn yr Almaen

Byddai manteision Les-Fenthyg ond yn gweithio os oedd modd cadw Cefnfor Iwerydd ar agor: yma roedd llongau tanfor yr Almaen yn suddo 500,000 o dunelli o longau masnach bob mis yn ystod gwanwyn 1941. Os oedd Prydain am oroesi, roedd rhaid i longau gwarchod yr Iwerydd guro bygythiad y llongau tanfor.

Mae'n debyg fod Roosevelt wedi penderfynu erbyn haf 1941 y byddai UDA yn ymuno a'r rhyfel. Fodd bynnag, er mwyn cadw'r wlad yn unedig byddai'n rhaid i UDA ddioddef ymosodiad cyn y gallai ystyried cyhoeddi rhyfel. Roedd yr ymosodiad yn debygol o fod yng Nghefnfor Iwerydd. Er hynny, er eu bod yn ofalus gynyddol, roedd gweithredoedd Roosevelt yn rhyfeddol i wlad oedd yn dechnegol yn niwtral ac roedden nhw'n dangos ei ymrwymiad i Brydain:

- Ym mis Mawrth 1941, rhoddwyd caniatâd i atgyweirio llongau rhyfel Prydain mewn iardiau llongau Americanaidd.
- Ym mis Ebrill, estynodd barth niwtral hanner ffordd ar draws yr Iwerydd, gan orchymyn llynges UDA i batrolio a hysbysu llongau rhyfel Prydain am safle llongau tanfor yr Almaen.
- Ym mis Gorffennaf, meddiannodd milwyr America Wlad yr Iâ, safle strategol allweddol yng Nghefnfor Iwerydd. Gorchmynnwyd y llynges i drefnu llongau gwarchod Americanaidd.
- Ym mis Awst, cafwyd cyhoeddusrwydd eang i'r cyfarfod rhwng Roosevelt a Churchill a gafodd ei gynnal oddi ar arfordir Newfoundland. Cytunwyd ar Siarter yr Iwerydd, a'i gyhoeddi. Roedd yn addo:
  - hunanbenderfyniaeth
  - mynediad cyfartal at fasnach a deunyddiau crai
  - rhyddid y moroedd
  - diarfogi
  - rhyddid rhag ofn ac angen.

Er nad oedden nhw'n cael eu galw'n nodau rhyfel, dyma'r peth agosaf at gynghrair anffurfiol.

- Ym mis Medi, manteisiodd Roosevelt ar ddigwyddiad lle ymosododd llong danfor yr Almaenwyr, ar long ddistryw UDA y *Greer*. Gan guddio'r ffaith fod y *Greer* wedi bod yn cysgodi'r llong danfor ac yn hysbysu Prydain am ei lleoliad, cydiodd yn y cyfle i gyflwyno hyn fel gweithred o fôr-ladrad a chyhoeddodd y byddai unrhyw longau tanfor Almaenig yn y dyfroedd yr oedd America'n eu patrolio'n cael eu suddo ar unwaith. Mewn sgwrs aelwyd disgrifiwyd llongau tanfor yr Almaen fel nadroedd rhuglo: 'pan welwch chi neidr ruglo yn barod i ymosod arnoch chi, dydych chi ddim yn aros i honno eich taro cyn ei dinistrio'.
- Ym mis Hydref, ymosododd llongau tanfor Almaenig ar yr USS *Kearney* a'r USS *Reuben Jones* gyda llawer yn cael eu lladd. Wythnos yn ddiweddarach, diddymodd y Gyngres y Deddfau Niwtraliaeth gyda mwyafrifoedd bach. I bob pwrpas, erbyn hydref 1941 roedd America'n ymladd rhyfel heb ei ddatgan yn erbyn yr Almaen yng Nghefnfor Iwerydd.

Yn Berlin, roedd Hitler wedi dod i'r un casgliad. Yr unig beth oedd yn ei atal rhag dial yn erbyn gweithredoedd Roosevelt oedd ei fod yn rhy brysur gyda'r ymosodiad ar Rwsia yn ystod haf a hydref 1941.

Gwirio gwybodaeth 31

Pa gamau gymerodd Roosevelt i gynorthwyo Prydain yn ystod 1940–41?

Rhyfel gyda Japan

Aeth ymosodedd parhaus Japan yn erbyn China'n fwy bygythiol fyth yn 1940 ar ôl i'r Almaen orchfygu a meddiannu Ffrainc a'r Iseldiroedd. Ychwanegodd llofnodi'r Cytundeb Tridarn ym mis Medi 1940 at ofnau'r Americanwyr.

Gosododd Gweinyddiaeth Roosevelt sancsiynau economaidd i geisio atal Japan. Chafodd y sancsiynau hyn ddim effaith o gwbl ar bolisi Japan. Yn wir, gorfodwyd llywodraeth wan **Vichy** i ganiatáu i Japan sefydlu canolfannau yn Indo-China Ffrengig. Cynyddodd Roosevelt y pwysau ar Japan drwy:

- rewi asedau Japan yn UDA ym mis Gorffennaf 1941
- cau Camlas Panama i longau Japan
- gwahardd allforio olew i Japan o fis Awst 1941.

Dechreuodd trafodaethau rhwng Japan ac America ond ym mis Medi 1941 mynnodd Roosevelt fod Japan yn tynnu allan o China a'r Cytundeb Tridarn. Roedd gwarchod China yn amlwg yn flaenoriaeth iddo. Roedd yn poeni am fasnach UDA gyda China a natur fregus tiriogaeth America yn y Pilipinas.

Roedd ei ymagwedd galed yn annog **militarwyr Japan** i gynllunio ar gyfer rhyfel, â'r bwriad o gipio deunyddiau crai hanfodol yn y Dwyrain Pell drwy ddinistrio fflyd America yn Pearl Harbor yn Hawaii.

Ar un adeg, y gred oedd bod Roosevelt wedi codi gwrychyn Japan yn fwriadol i sbarduno rhyfel. Dyw'r farn hon ddim bellach yn cael ei chymryd o ddifrif:

- Doedd Roosevelt a'i gynghorwyr ddim am weld rhyfel yn y Cefnfor Tawel; roedden nhw am warchod China a rhwystro ymosodedd Japan.
- Er eu bod yn gwybod bod Japan yn cynllunio ymosodiad, doedden nhw ddim yn gwybod ble y bydden nhw'n ymosod. Y consenws oedd y byddai'n ymosodiad yn ne ddwyrain Asia ar drefedigaethau Prydain a'r Iseldiroedd i sicrhau olew a rwber.
- Hysbyswyd y ganolfan lyngesol yn Pearl Harbor ond ni chyrhaeddodd y neges mewn pryd.

Yn y pen draw, drysodd Japan yr Americanwyr drwy ymosod ym mhobman. Ymosododd llu llong gludo ar lynges UDA yn y Cefnfor Tawel yn Pearl Harbor ar 7 Rhagfyr 1941, a'u parlysu. Ar yr un pryd, ymosododd llongau gwarchod o Japan ar eiddo Prydeinig ac Iseldiraidd ym Malaya a Borneo, ac ar eiddo Americanaidd yn y Pilipinas ac Ynys Wake.

Sbardunodd yr ymosodiad ar Pearl Harbor gondemniad o bob ochr yn America; ni chlywyd dim mwy gan America yn Gyntaf a chyhoeddodd y Gyngres ryfel yn erbyn Japan ar 8 Rhagfyr 1941. Dri diwrnod yn ddiweddarach cyhoeddodd Hitler ryfel yn erbyn UDA, gan gyflawni ei rôl yn y Cytundeb Tridarn.

UDA a'r Ail Ryfel Byd

Y pŵer mawr economaidd

Yn sgil y rhyfel gwelwyd cynnydd enfawr yng ngallu America i gynhyrchu a hynny er mwyn bodloni anghenion nid yn unig ei lluoedd arfog ei hun, ond hefyd wrth gynhyrchu llongeidiau Les-Fenthyg enfawr i'r cynghreiriaid:

Vichy Llywodraeth Ffrainc dan oresgyniad 1940-44, dan orthrwm yr Almaen.

Militarwyr Japan Chwaraewyd rôl bwerus gan fyddin Japan ym mhob llywodraeth yn Japan ers 1936.

Cyngor

Er bod Roosevelt o bosibl yn glir ei feddwl ynghylch canlyniad polisi UDA yn y pen draw, roedd yn dal i orfod symud yn ofalus ac yn raddol i gynorthwyo Prydain a diogelu China. Mae'n bwysig cofio hefyd bod 1940 yn flwyddyn etholiad arlywyddol.

Gwirio gwybodaeth 32

Pam wnaeth y berthynas rhwng UDA a Japan ddirywio ar ôl 1937?

- Dyblodd allbwn gweithgynhyrchu America, oedd eisoes yn fawr, rhwng 1941 a 1945. America oedd yn cynhyrchu 60% o olew y byd a 50% o ddur y byd.
- Ond drwy gynhyrchu cyfarpar milwrol y cyrhaeddodd UDA gyfansymiau syfrdanol: er enghraifft cynhyrchodd 300,000 o awyrennau yn ystod y rhyfel.
- Mas-gynhyrchodd iardiau llongau America'r llong Liberty, llong fasnach syml â ffrâm ddur, oedd yn galluogi'r Cynghreiriaid i gynnal eu colledion o longau tanfor yr Almaen a chyflenwi llongau gwarchod hanfodol, a hefyd greu'r gallu i gynnal y cyrchoedd tir a môr mwyaf mewn hanes milwrol.
- Erbyn 1945, llynges UDA oedd y fwyaf yn y byd, llawer yn fwy nag un Prydain, yr ail fwyaf.
- Roedd tua 15 miliwn o Americanwyr yn y lluoedd arfog erbyn 1945.

Roedd graddfa enfawr cynhyrchu arfau a chyfarpar milwrol Americanaidd yn ffactor pwysig ym muddugoliaeth y Cynghreiriaid.

Erbyn 1945 roedd economïau gwledydd Ewrop naill ai'n methdalu'n ariannol neu wedi'u dinistrio gan effeithiau rhyfel: UDA bellach oedd yr *unig* bŵer mawr economaidd ac roedd mewn sefyllfa o oruchafiaeth oedd hyd yn oed yn gryfach nag yn 1918-19.

Ymladd y rhyfel

Roedd nifer o wahaniaethau pwysig rhwng profiad UDA yn yr Ail Ryfel Byd a'u profiad yn y Rhyfel Byd Cyntaf:

- Yn wahanol i 1917-18 roedd rhaid i'r Americanwyr gynnal cyrchoedd milwrol, morwrol ac awyr enfawr mewn dwy ardal gwbl ar wahân i'w gilydd, yn y Cefnfor Tawel yn erbyn Japan ac yn Ewrop yn erbyn yr Almaen a'r Eidal.
- Yn y Rhyfel Byd Cyntaf roedd UDA wedi ymladd fel pŵer cyswllt. Yn yr Ail Ryfel Byd, unodd ei hymdrechion gyda'r cynghreiriaid, gan gydweithio'n arbennig o agos gyda Phrydain. Ar 1 Ionawr 1942, llofnododd Prydain, UDA, yr UGSS a 23 cenedl arall oedd yn rhyfela'n erbyn pwerau'r **Axis**, Ddatganiad ar y Cenhedloedd Unedig oedd yn:
  - cynnal egwyddorion Siarter yr Iwerydd
  - defnyddio eu holl adnoddau yn erbyn eu gelynion
  - ymgymryd i beidio â llofnodi heddwch ar wahân.

> **Axis** Y term am yr Almaen, yr Eidal a Japan.

Dyma'r cytundeb milwrol rhwymol cyntaf i'r Unol Daleithiau ei lofnodi ers 1778.

- Cydlynodd Prydain ac UDA eu strategaeth filwrol o'r dechrau. Bu pwyllgor cyfunol o Benaethiaid y Staff yn cynllunio'r cydweithio. Roedd Roosevelt a Churchill yn cydweithio'n dda er gwaethaf rhai tensiynau achlysurol, yn fwyaf penodol oherwydd nad oedd Roosevelt yn hoffi'r Ymerodraeth Brydeinig. Bu'r lluoedd yn ymladd gyda'i gilydd wrth oresgyn gogledd Affrica a Sicilia yn 1942-43 a gogledd-orllewin Ewrop ym mis Mehefin 1944 (D Day) – roedd y pencadlywydd yn Americanwr. Roedd ond swyddogion Prydeinig oeddgan y grymoedd ar y tir, y môr a'r awyr yn bencadlywyddion. Gwasanaethodd Llynges Prydain yn y Cefnfor Tawel dan reolaeth Americanaidd yng nghyfnod olaf y rhyfel yn erbyn Japan.
- Roedd peth anghytuno o ran strategaeth. Yn 1942–43 barn Prydain aeth â hi, ond yn 1944–45 yr Americanwyr gafodd eu ffordd gan fod eu cyfraniad milwrol lawer yn fwy nag un Prydain.
- Roedd y berthynas rhwng cynghreiriaid y gorllewin a'r UGSS yn fwy o broblem. Er bod y gynghrair yn cadw'n gyflawn a bod yr Almaen wedi'i churo erbyn 1945, gwelwyd tensiynau cynyddol yn y cynadleddau rhyfel rhwng Roosevelt a Stalin yn Teheran yn 1943 ac yn Yalta yn 1945:

- Roedd y Rwsiaid yn ddig bod y Cynghreiriaid yn oedi wrth lansio goresgyniad yn Ewrop tra'u bod nhw'n ymladd y rhan fwyaf o fyddin yr Almaen.
- Roedd **Stalin** wrth natur yn llawn paranoia ac amheuaeth. Nid oedd wedi anghofio ymyriad Prydain ac America yn 1918, yn y rhyfel cartref a ddilynodd y Chwyldro yn Rwsia, na hanes hir Churchill o wrth-gomiwnyddiaeth.
- Blaenoriaeth Stalin oedd diogelwch Rwsia ar ôl y rhyfel. Roedd hyn yn gwrthdaro gyda galwadau cynghreiriaid y gorllewin am etholiadau rhydd mewn gwledydd yn nwyrain Ewrop, a fyddai o bosibl yn ethol llywodraethau gwrth-gomiwnyddol.
- Roedd cynghreiriaid y gorllewin yn ddig am yr hyn roedden nhw'n ei weld fel anniolchgarwch Rwsia am y cymorth helaeth a roddwyd i ymdrech rhyfel Rwsia gan Brydain ac America.

- Roedd Roosevelt yn benderfynol y byddai diogelwch ar ôl y rhyfel yn seiliedig ar y Cenhedloedd Unedig. Nid fframwaith ar gyfer datrys anghydfod yn unig fyddai hyn, ond, yn arwyddocaol, un ar gyfer datrys problemau economaidd a sicrhau cyflenwadau bwyd digonol a lleddfu newyn.
- Yn wahanol i Wilson, sicrhaodd Roosevelt gymeradwyaeth lwyr i Siarter y Cenhedloedd Unedig gan y Gyngres yn 1943. Yn y pen draw sefydlwyd y corff yn San Francisco yn 1945, ac yn arwyddocaol, byddai'r pencadlys yn Efrog Newydd. Roedd ymrwymiad newydd America i ryngwladoldeb yn glir.
- Dim ond UDA oedd â'r adnoddau a'r cymhelliad i adeiladu arf atomig hyfyw – project Manhattan. Yn gwbl gyfrinachol, cyllidodd $2 biliwn o wariant ffederal dîm o wyddonwyr o Brydain, America a Chanada ac yn agos i 90,000 o weithwyr. Ym mis Gorffennaf 1945 cafodd arf prawf ei ffrwydro'n llwyddiannus yn New Mexico. Roedd gan un bom y gallu i ddinistrio dinas gyfan. Roedd yr oes niwclear wedi dechrau, gyda goblygiadau enfawr i gysylltiadau rhyngwladol.

Rôl filwrol America yn llwyddiant y Cynghreiriaid

Rhyfel yn erbyn Japan

Chwaraeodd America rôl flaenllaw wrth orchfygu Japan. Er bod y llynges Americanaidd wedi'i difrodi'n ddifrifol yn yr ymosodiad ar Pearl Harbor, roedd y Japaneaid wedi methu'r gosodiadau olew a'r llongau awyrennau. Erbyn 1942 roedd y llong awyrennau wedi datblygu i fod y llong fwyaf pwerus yn y llynges.

Mewn dwy frwydr a drodd y fantol ym mis Mai a Mehefin 1942, yn y Môr Cwrel a Midway, dinistriodd yr Americanwyr bedair o chwe llong awyrennau Japan a difrodi pumed un yn ddifrifol. Ni lwyddodd llynges Japan i adfer ei gallu i ymosod.

Roedd rhyfel y Cefnfor Tawel yn cynnwys ymosodiadau cymhleth ar dir a môr i ail-gipio ynysoedd strategol, gan ddechrau gyda Guadalcanal yn 1942-43 a dod i benllanw gyda chipio'r Pilipinas ac ynysoedd Okinawa ac Iwo Jima erbyn 1945. Roedd bomwyr America bellach yn gallu cyrraedd Japan. Wynebodd yr Americanwyr wrthwynebiad penboeth gan warchodluoedd Japan, gan arwain at golledion trwm ar y ddwy ochr. Ym Mrwydr Gwlff Leyte ym mis Hydref 1944, gorchfygwyd llynges Japan o'r diwedd.

Roedd y rhan fwyaf o fyddin Japan mewn gwirionedd yn cael eu defnyddio yn erbyn China. Sicrhaodd America bod China'n cael cyflenwadau digonol drwy gydol y rhyfel er mwyn cadw Japan yn brysur yn China. Y llwybr cyflenwi pwysig i China oedd Ffordd Burma a chwaraeodd Prydain ran sylweddol yn cadw'r llwybr hwn ar agor drwy ddinistrio byddin Japan yn llwyr yn Burma yn 1944-45.

Joseph Stalin
Arweinydd yr UGSS,
1924–53.

Gwirio gwybodaeth 33

Beth oedd y prif wahaniaethau rhwng y ffordd roedd UDA wedi ymladd y Rhyfel Byd Cyntaf a'r ffordd yr ymladdodd yr Ail Ryfel Byd?

Erbyn 1945 roedd yr Americanwyr a'r Prydeinwyr yn paratoi i oresgyn Japan ei hun. Fel y cytunwyd yng Nghynhadledd Yalta, cyhoeddodd yr Undeb Sofietaidd ryfel yn erbyn Japan ym mis Awst 1945 gan oresgyn Manchuria. Penderfynodd Truman (bu farw Roosevelt ym mis Ebrill) ddefnyddio'r bom atomig newydd i ddod â'r rhyfel i ben. Dinistriwyd dwy ddinas yn Japan, Hiroshima a Nagasaki, gyda cholledion trwm (80,000 o farwolaethau o bosibl yn Hiroshima a 35,000 yn Nagasaki) mewn dau ymosodiad atomig ar wahân ar 6 Awst a 9 Awst 1945. Bum diwrnod yn ddiweddarach ildiodd Japan.

Mae'r penderfyniad i ddefnyddio arfau atomig wedi bod yn ddadleuol byth ers hynny:

- Mae rhai wedi honni ei fod yn ddiangen gan y byddai Japan wedi ildio beth bynnag a'r prif reswm dros eu defnyddio oedd i godi ofn ar yr Undeb Sofietaidd.
- Mae'n fwy tebygol fod penderfyniad Truman yn seiliedig ar yr angen i ddod â'r rhyfel i ben yn gyflym gyda llai o golledion Americanaidd.
- Fel y digwyddodd hi, ni ildiodd Japan ar unwaith – roedd rhai o arweinwyr y fyddin yn awyddus i barhau i ymladd ar ôl defnyddio'r bomiau atomig.
- Ar y pryd, ychydig o amheuon yn unig a fynegwyd ynghylch defnyddio'r arfau.

Y Rhyfel yn Ewrop

Yn Ewrop roedd yr Americanwyr (a'r Rwsiaid) yn awyddus i'r Cynghreiriaid oresgyn gogledd orllewin Ewrop mewn llu mawr er mwyn eu trechu cyn gynted â phosibl. Dadleuai Prydain fod angen paratoi a chynllunio hyn yn ofalus, ac nad oedd y Cynghreiriaid yn ddigon cryf yn 1942-43.

Roedd Prydain eisoes yn ymladd yr Almaen a'r Eidal yn ardal y Môr Canoldir gan ddadlau'n gryf mai dyma ddylai fod yn flaenoriaeth i'r Cyngheiriaid. Gorchfygwyd Prydain yn drwm yn Tobruk yng ngogledd Affrica ym mis Mehefin 1942 ac roedd hyn eisoes wedi perswadio Roosevelt i roi 300 o danciau diweddaraf UDA, sef y *Sherman*, i Brydain a'u cludo'n syth i'r Aifft. Cafodd byddin Prydain ei hadfywio a threchodd yr Almaen a'r Eidal yn El Alamein ym mis Hydref-Tachwedd 1942. Cytunodd Roosevelt (gan anwybyddu ei gynghorwyr milwrol) i lansio Cyrch Torch, goresgyniad gan y Cynghreiriaid ar ogledd Affrica i orchfygu'r Axis yn llwyr. Erbyn mis Mai 1943 roedd lluoedd cyfunol Prydain ac America wedi ennill buddugoliaeth bwysig yng ngogledd Affrica a chipio 250,000 o filwyr yr Axis, gan ryddhau y Môr Canoldir.

Roedd Prydain yn dadlau'n gryf dros barhau gyda chyrchoedd y Cynghreiriaid yn y Môr Canoldir drwy ymosod ar yr Eidal, gan gredu y byddai hyn yn anuniongyrchol yn gwanhau'r Almaen. Doedd America ddim wedi'i hargyhoeddi i'r un graddau, ond cytunodd â chynlluniau Prydain drwy oresgyn Sicily mewn cyrch enfawr o'r tir a'r môr ym mis Gorffennaf 1943, ac yna oresgyn yr Eidal ym mis Medi 1943, pan ildiodd hithau. Fodd bynnag cadarnhaodd cynhadledd y Cynghreiriaid yn Teheran yn ystod Tachwedd-Rhagfyr 1943 na fyddai oedi pellach gyda'r ail ffrynt hirddisgwyliedig yng ngogledd-orllewin Ewrop.

Dan orchymyn y Cadfridog Eisenhower, lansiwyd goresgyniad gogledd orllewin Ewrop ar D-Day, 6 Mehefin 1944, mewn cyrch ar y cyd rhwng Prydain, America a Chanada a arweiniodd at ddinistrio byddinoedd yr Almaen yn Ffrainc a goresgyn yr Almaen yn llwyddiannus yn 1945.

Er bod Prydain ac America'n cydweithio ar y cyfan, roedd anghytuno ynghylch strategaeth, gyda Phrydain yn dadlau dros ganoli'r cyrch ar y Ruhr ddiwydiannol yn ystod hydref 1944 ac Eisenhower am weld strategaeth cytbwys ehangach. Yn y diwedd, barn UDA aeth â hi gan mai hi oedd y partner cryfaf erbyn 1945.

Gwirio gwybodaeth 34

Beth oedd prif fuddugoliaethau UDA yn erbyn Japan?

Er bod cyfran fawr o rym morwrol UDA yn cael ei defnyddio yn y Cefnfor Tawel, sicrhaodd lluoedd morwrol America a Phrydain fuddugoliaeth hanfodol yn yr Iwerydd drwy drechu ymgyrch llongau tanfor yr Almaen. Roedd gallu iardiau llongau America i gyflenwi llongau masnach newydd, yn enwedig rhaglen llongau Liberty, yn hanfodol.

Cynhaliwyd cyrch bomio strategol y Cynghreiriaid i ddinistrio diwydiant yr Almaen ac hefyd i ddinistro ysbryd y bobl gyffredin. Yn ystod 1942-44 hefyd fe helpodd y cyrch i ateb beirniadaeth o gyfeiriad Rwsia am oedi goresgyniad y Cynghreiriaid yn Ewrop. Gwnaed difrod enfawr i ddinasoedd a diwydiant yr Almaen, ac yn sicr cafodd y Cynghreiriaid help pan ddargyfeiriwyd y llu awyr oedd i amddiffyn dinasoedd yr Almaen. Erbyn diwedd 1944 roedd yr ymgyrch fomio ar ei mwyaf effeithiol, ond mae'r gost enfawr o ran colledion o blith criwiau awyr y Cynghreiriaid a phobl gyffredin yr Almaen wedi parhau'n ddadleuol.

Gwirio gwybodaeth 35

Beth oedd cyfraniad UDA i orchfygu'r Almaen?

Y Rhyfel Oer a'r gydberthynas â'r Undeb Sofietaidd a China 1945-72

Chwalu cynghrair y rhyfel 1945-49

Ystyriaethau tymor hir

Roedd gan UDA a Phrydain hanes brith o gydberthynas â'r UGSS ers chwyldro 1917. Roedd wedi ei seilio ar ail ofnau UDA ynghylch lledaeniad y chwyldro comiwnyddol ac amheuon yr UGSS ynghylch cyfalafiaeth. Nid oedd y ffordd roedd y gorllewin yn gweld yr UGSS wedi gwella oherwydd:

- Y cytundeb Natsi-Sofietaidd 1939
- Cyfraniad yr UGSS at yr ymosodiad a meddiannu Gwlad Pwyl, hefyd yn 1939
- ymosodiad yr UGSS ar y Ffindir yn 1940-41 a chyfeddiant taleithiau'r Baltig

Ar y llaw arall roedd yr UGSS yn amheus o bolisi dyhuddiad Prydain a Ffrainc yn wyneb yr unbeniaid ffasgaidd.

Cytundeb Natsi-Sofietaidd 1939
Cytundeb i beidio ymosod rhwng yr Almaen Natsïaidd a'r UGSS gyda chymalau cyfrinachol yn rhannu Gwlad Pwyl rhyngddynt.

Y gynghrair fregus, 1941-45

Claddwyd y gwahaniaethau hyn dros dro pan oresgynnodd yr Almaen yr UGSS yn 1941. Roedd Roosevelt wedi cael dialog personol gyda Stalin, gan obeithio y byddai diplomyddiaeth o'r fath yn gwella'r berthynas. Yn y cyfnod hwn, blaenoriaethau Roosevelt oedd ennill y rhyfel drwy gynnal yr UGSS, sicrhau cefnogaeth Stalin i'r syniad o Genhedloedd Unedig ar ôl y rhyfel a pherswadio Stalin i ymuno â'r rhyfel yn erbyn Japan.

Er gwaethaf dadleuon am amseru yr **ail ffrynt** arhosodd y cynghreirio rhyfel rhwng Prydain, UDA a'r UGSS yn gadarn tan 1945. Gorchfygwyd yr Almaen a pharhaodd cynadleddau rhwng Prydain, UDA a'r UGSS i gynllunio strategaeth yn y rhyfel a chynllunio ar gyfer Ewrop ar ôl y rhyfel.

Yr ail ffrynt
Goresgyniad y Cynghreiriaid yng ngorllewin Ewrop yn ystod yr Ail Ryfel Byd.

Yalta a Potsdam, 1945

Cafodd y tri phrif arweinydd, Churchill, Roosevelt a Stalin, gyfarfod yn Yalta ym mis Chwefror 1945. Canlyniad yr ymladd oedd bod y fyddin Sofietaidd wedi meddiannu dwyrain Ewrop bron yn llwyr ar wahân i Groeg, oedd wedi'i meddiannu gan Brydain. Un pryder mawr i gynghreiriaid y gorllewin oedd egwyddorion hunanbenderfyniaeth a democratiaeth yng ngwledydd dwyrain Ewrop oedd wedi'u gwreiddio yn Siarter yr Iwerydd – byddai'r egwyddorion hyn yn gwrthdaro gyda realiti meddianaeth filwrol Sofietaidd yn nwyrain Ewrop a phryderon Sofietaidd am ei sicrwydd yn y dyfodol. Nid oedd yr UGSS am weld gwladwriaethau gwrth-gomiwnyddol ar ei throthwy ar ôl y rhyfel.

Roedd Roosevelt am sicrhau cefnogaeth Sofietaidd i'r Cenhedloedd Unedig yn Yalta ynghyd ag ymrwymiad i fynd i ryfel yn erbyn Japan. Roedd Gwlad Pwyl hefyd yn bryder gan mai dyma'r rheswm yr aeth Prydain i ryfel yn y lle cyntaf, ond i Roosevelt roedd yn llai pwysig a derbyniodd sicrwydd llafar gan Stalin y byddai etholiadau rhydd yn cael eu cynnal yng Ngwlad Pwyl ar ôl y rhyfel.

Ar 12 Ebrill, 1945 bu farw Roosevelt, ac yn ei le daeth yr isarlywydd llawer llai profiadol, Harry S. Truman. Roedd Truman yn fwy tueddol i fod yn arw ac mewn dadl gref gyda Molotov, y gweinidog tramor Sofietaidd, ar 23 Ebrill 1945, mynnodd etholiadau rhydd yng Ngwlad Pwyl pan oedd yn credu bod y Sofietiaid yn llusgo eu traed ar y mater.

Fodd bynnag parhaodd y Sofietau yn ystyfnig ynghylch Gwlad Pwyl, gan nodi eu bod wedi rhoi rhwydd hynt i gynghreiriaid y gorllewin yn yr Eidal a Groeg a chwestiynu pam na allen nhw gael rôl debyg yng Ngwlad Pwyl, oedd yn hanfodol ar gyfer diogelwch Rwsia.

Yn erbyn y cefndir hwn daeth arweinwyr y Cynghreiriaid at ei gilydd unwaith eto yn Potsdam ym mis Gorffennaf 1945. Cytunwyd y byddai'r Almaen yn cael ei rhannu'n bedwar rhanbarth wedi'u gweinyddu gan bob un o'r Cynghreiriaid (Prydain, UDA, yr UGSS a Ffrainc) gyda Berlin yn y parth dwyreiniol Sofietaidd hefyd wedi'i rhannu'n bedwar sector. Derbyniwyd llinell Oder-Neisse fel ffin orllewinol newydd Gwlad Pwyl, ond doedd dim cytundeb ynghylch dyfodol tymor hir yr Almaen.

Opsiynau Truman, 1945-46

Daeth y rhyfel yn Japan i ben ym mis Awst 1945 drwy ddefnyddio'r bom atomig. Roedd canlyniad Potsdam wedi cadarnhau ym meddwl Truman na fyddai'r UGSS yn ymateb i ddim byd ond polisïau caled. Roedd yn gobeithio y byddai'r bom atomig oedd ym meddiant America ynghyd â'i grym economaidd yn ei alluogi i roi pwysau ar yr UGSS i gytuno ar ddyfodol dwyrain Ewrop.

Roedd Truman hefyd yn ymwybodol o'r cyfyngiadau ar ei weithgareddau ei hun oedd yn golygu nad oedd yn dymuno gwrthdaro gyda'r UGSS:

- Roedd lluoedd arfog America wedi'u dadfyddino'n gyflym – erbyn mis Mawrth 1946 dim ond 400,000 oedd ym myddin America, i lawr o gyfanswm o 3.5 miliwn ym mis Mai 1945. Amcangyfrifwyd bod gan y Fyddin Goch 2.5 miliwn o filwyr o hyd yn 1946.
- Yn 1946 ychydig iawn o arfau atomig oedd gan UDA, ac yn sicr doedd ganddyn nhw ddim digon i guro'r UGSS yn derfynol. Yn wir, cyn hir byddai'r UGSS yn datblygu ei harfau atomig ei hun.
- Roedd yr etholiad canol tymor wedi rhoi rheolaeth y Gyngres i'r Gweriniaethwyr, oedd wedi dychwelyd at y polisi ymynysedd a hefyd cwtogi gwariant y llywodraeth (ac felly'r lluoedd arfog).
- Roedd yn annhebygol y byddai'r farn gyhoeddus yn America yn cefnogi gwrthdaro newydd mor fuan ar ôl yr Ail Ryfel Byd.

Ond roedd Stalin a Molotov yn amheus iawn o gymhellion America, gan weld y cynnig o gymorth ariannol fel cynllwyn cyfalafol i danseilio comiwnyddiaeth a'u rheolaeth dros ddwyrain Ewrop. Roedden nhw hefyd yn gwrthod cael eu brawychu gan y bom atomig oedd ym meddiant America, gan gynnal lluoedd confensiynol sylweddol yn nwyrain Ewrop.

Telegram hir Keenan

Ym mis Chwefror 1946, ysgrifennodd George Keenan, diplomydd Americanaidd ym Moscow, femorandwm 7,000 gair oedd yn dadansoddi polisi'r Sofietiaid.

> **Cyngor**
>
> Nid oedd y ffaith mai America yn unig oedd yn berchen ar fomiau atomig yn 1945-49 yn gwarantu y gallai gyflawni ei nodau polisi tramor.

Roedd yn credu bod yr UGSS mor ansicr ac anniogel fel nid yn unig roedd yn awyddus i reoli dwyrain Ewrop, ond byddai hefyd yn defnyddio pob tacteg i danseilio llywodraethau anghomiwnyddol yng ngorllewin Ewrop. Cafodd 'telegram hir' Keenan ddylanwad pwerus ar weinyddiaeth Truman.

Athrawiaeth Truman

Codwyd pryderon ynghylch presenoldeb lluoedd Sofietaidd ar y ffin â Thwrci a galwadau parhaus y Sofietiaid am fynediad at Gulfor y Dardanelles. Roedd rhyfel cartref yn dal i fod ar waith yng Ngroeg rhwng comiwnyddion a brenhinwyr (gyda chefnogaeth milwyr Prydain). Arweiniodd sefyllfa economaidd druenus Prydain at y cyhoeddiad ym mis Chwefror 1947 na allai bellach fforddio'r ymrwymiad yng Ngroeg.

Gan feddwl y dylid atal bygythiad strategol o'r Sofietiaid yn meddiannu Groeg a Thwrci, aeth Truman at y Gyngres i fynnu cymorth milwrol ac economaidd i'r ddwy wlad. Ag yntau'n ymwybodol o gyfansoddiad gwleidyddol y Gyngres a'i hagwedd at wariant cynyddol, pwysleisiodd Truman ddifrifoldeb y bygythiad Sofietaidd. Yn yr hyn a alwyd yn 'Athrawiaeth Truman', esboniodd:

> Rwyf i'n credu ei bod yn hanfodol mai polisi UDA yw cefnogi pobloedd rhydd sy'n gwrthsefyll ymgais i'w darostwng gan leiafrifoedd arfog neu bwysau o'r tu allan.

Ym mis Mai 1947, cytunodd y Gyngres i roi $400 miliwn o gymorth i Groeg a Thwrci. Roedd Athrawiaeth Truman yn ymrwymiad penagored a dyma oedd sail polisi tramor America am o leiaf y 30 mlynedd nesaf.

Cymorth Marshall

Roedd yr ysgrifennydd gwladol newydd, George Marshall, newydd ddychwelyd o ymweliad ag Ewrop lle cafodd ei syfrdanu gan faint y gofid economaidd a chymdeithasol. Roedd bron pob un o wledydd gorllewin Ewrop yn dioddef problemau economaidd. Roedd Prydain wedi disbyddu ei chronfeydd ariannol i gyd erbyn mis Awst 1947.

Roedd Marshall yn poeni y byddai dirwasgiad economaidd yn dilyn, a fyddai'n effeithio ar UDA ac yn golygu y byddai comiwnyddiaeth yn lledaenu yn Ewrop. Cynigiodd becyn enfawr o gymorth ariannol a alwyd yn Gynllun Marshall i achub economïau gwledydd Ewrop: cynigiwyd y pecyn i holl wledydd Ewrop gan gynnwys yr UGSS. Roedd hwn yn gam craff, gan orfodi'r Undeb Sofietaidd i fod yn amddifynnol.

Roedd yn ddigon hawdd rhagweld y byddai'r Sofietiaid yn gwrthod Cymorth Marshall ar y sail ei fod yn gynllwyn cyfalafol ac yn ymyrryd yn y cynlluniau ar gyfer dwyrain Ewrop. Rhwng 1948 a 1952 cyflwynodd Cymorth Marshall $13.5 biliwn i 16 o wledydd, gyda'r dyraniadau mwyaf yn mynd i Brydain, Ffrainc a'r Eidal:

- Cafodd y rhaglen effaith enfawr ar adferiad economïau gwledydd gorllewin Ewrop.
- Mae'n debygol fod y cymorth i Ffrainc a'r Eidal wedi diogelu rhag bygythiad mewnol y pleidiau comiwnyddol.
- Collodd yr Undeb Sofietaidd hygrededd yn ei thriniaeth o Gymhorthdal Marshall.

Chwalwyd unrhyw amheuon a allai fod gan y Gyngres pan gipiodd y comiwnyddion rym yn Czechoslofacia a llofruddio ei gweinidog tramor, Jan Masaryk, nad oedd yn gomiwnydd, yn 1948.

Cyngor

Mae'n bwysig asesu a oedd y Rhyfel Oer yn anochel - i ba raddau y cyfrannodd camddealltwriaeth o gymhellion at fethiant y berthynas?

Gwirio gwybodaeth 36

Pam y methodd y gynghrair rhyfel rhwng Prydain, UDA a'r UGSS yn y cyfnod 1945-47?

Blocâd Berlin

Dwysaodd y tensiynau oherwydd anghytuno ynghylch yr Almaen:

■ Y catalydd oedd penderfyniad Prydain ac America i newid o geisio iawndaliadau gan yr Almaen i gynnig cymorth ariannol i'r Almaen, a chysylltu'r rhanbarthau oedd ar wahân (a gytunwyd yn Potsdam) yn un uned.

■ Roedd cyflenwi Cymhorthdal Marshall i'r parth newydd yn arwydd clir bod pwerau'r gorllewin yn benderfynol o integreiddio gorllewin yr Almaen yn wlad newydd.

■ I'r Sofietiaid roedd hyn yn bradychu Potsdam ac yn fygythiad pellach i'w diogelwch.

■ Penderfyniad Prydain ac America ym mis Mehefin 1948 i gyflwyno arian cyfred newydd, y Deutschmark, yn eu parth nhw oedd yr her olaf i'r UGSS.

Ymatebodd y Sofietiaid drwy gau'r holl lwybrau ar y tir i Berlin yn y parth dwyreiniol. Roedd presenoldeb cilfach gymharol lewyrchus yn y parth dwyreiniol yn embaras a chynlluniwyd y blocâd i orfodi cynghreiriaid y gorllewin allan o Berlin. Roedd Truman yn benderfynol o beidio ag ildio ac awdurdododd awyrennau i ollwng digon o fwydydd sylfaenol a thanwydd i 2 filiwn o bobl gorllewin Berlin am 11 mis.

Doedd dim siawns ymarferol y byddai lluoedd tir gwan Prydain ac America yn gallu gwrthsefyll ymosodiad Sofietaidd gyda grymoedd confensiynol. Felly gosodwyd awyrennau bomio B29 mawr oedd yn gallu gollwng bomiau atomig ar dargedau yn yr UGSS mewn canolfannau ym Mhrydain a'r Dwyrain Canol er mwyn anfon neges.

Ym mis Mai 1949 daeth Stalin â'r blocâd i ben. Nid yn unig y profodd yn aneffeithiol, ond roedd hefyd yn drychineb o ran cysylltiadau cyhoeddus i'r UGSS. Fodd bynnag roedd Berlin yn parhau'n destun gwrthdaro yn yr hyn oedd yn cael ei ystyried yn gynyddol yn Rhyfel Oer – gelyniaeth heb ergydion. Crëwyd gwladwriaeth newydd Gorllewin yr Almaen yn 1949, gyda phrifddinas yn Bonn, dan warchodaeth cynghreiriaid y gorllewin. Cwblhawyd rhaniad yr Almaen gyda sefydlu gwladwriaeth Dwyrain Ewrop – Gweriniaeth Ddemocrataidd yr Almaen (GDR) – dan reolaeth Sofietaidd.

NATO a NSC-68

Roedd argyfwng Berlin wedi datgelu diffyg parodrwydd milwrol y gorllewin. Roedd teimladau ymynysol bellach ar drai.

Ym mis Ebrill 1949 sefydlwyd Sefydliad Cytundeb Gogledd Iwerydd (*North Atlantic Treaty Organisation – NATO*) oedd yn cynnwys UDA, Canada a'r rhan fwyaf o wledydd gorllewin Ewrop, i gynnig amddiffyniad i'w gilydd pe bai ymosodiad yn digwydd. Hefyd, cymeradwyodd y Gyngres ehangu cymorth milwrol uniongyrchol UDA i wledydd *NATO i* gynyddu eu hamddiffynfeydd.

Arweiniodd Athrawiaeth Truman a sefydlu *NATO* at ailystyried polisi tramor America'n sylfaenol. Roedd NSC-68 (Papur y Cyngor Diogelwch Cenedlaethol Rhif 68) yn galw am dreblu cyllideb amddiffyn America i ddelio â'r hyn oedd yn cael ei ystyried yn fygythiad milwrol mawr i UDA gan yr UGSS a'i chynghreiriaid. Roedd Truman eisoes wedi awdurdodi datblygu arf niwclear mwy pwerus fyth – y bom hydrogen – yn 1950.

Y prif themâu ym mholisi tramor yr Unol Daleithiau 1945-50

■ Ni lwyddodd y gynghrair rhyfel i oroesi ar ôl gorchfygu pwerau'r Axis yn rhannol oherwydd yr hen wahaniaethau ideolegol.

Cyngor

Nodwch bwysigrwydd ymrwymiad UDA i gynghrair milwrol rhwymol (*NATO*) a chynnydd enfawr mewn gwariant milwrol ar adeg o heddwch.

- Roedd UDA a'r UGSS yn amheus o gymhellion ei gilydd, fel y gwelwyd gan delegram Kennan yn 1946 ac hefyd pan wrthododd yr UGSS gymorth ariannol gan America.

- Roedd pryderon Sofietaidd ynghylch diogelwch yn cael eu portreadu fel ymdrech i dra-arglwyddiaethu cyfandir Ewrop, tra bo ymdrechion UDA i gefnogi economïau'r gorllewin yn cael eu gweld fel ymdrech cyfalafol amlwg i gipio grym.

- Roedd dadleuon am ddiffyg ymddiriedaeth yn ennill tir ar y ddwy ochr – roedd cynghreiriaid y gorllewin yn ystyried bod gweithredoedd y Sofietaid yn nwyrain Ewrop yn torri cytundeb Yalta, tra bo'r UGSS yn darllen gweithredoedd Prydain ac America yn yr Almaen fel rhai oedd yn torri Potsdam.

- Roedd Stalin yn unben milain a pharanoid, oedd yn amheus o eraill gartref a thramor.

- Erbyn 1949 roedd y berthynas rhwng UDA a'r UGSS wedi dirywio i'r graddau bod UDA am y tro cyntaf yn ei hanes wedi mynd i gytundeb gwleidyddol a milwrol rhwymol (*NATO*) gyda gwledydd eraill mewn cyfnod o heddwch, gan wyrdroi ymynysedd yn llwyr.

- Ymrwymodd UDA i bolisi o **gyfyngiant** yn erbyn comiwnyddiaeth ac roedd y wlad yn cael ei gweld fel prif bŵer y byd anghomiwnyddol. Arweiniodd hyn at rai ymrwymiadau i lywodraethau amheus lle'r unig fantais oedd gwrth-gomiwnyddiaeth.

- Roedd Cymhorthdal Marshall ac ail-lunio Japan yn ymrwymiadau ariannol enfawr mewn cyfnod o heddwch, a'u bwriad oedd atal lledaeniad comiwnyddiaeth.

Beth oedd effaith China'n troi'n wlad gomiwynyddol yn 1949?
Cefndir

Roedd rhyfel cartref rhwng y cenedlaetholwyr dan arweiniad Chiang Kai-shek a'r comiwnyddion dan arweiniad Mao Zedong wedi rhannu China ers 1927. Pan ymosododd Japan ar China a'i goresgyn yn 1937, unodd y ddau grŵp mewn gwrthwynebiad anghyfforddus yn erbyn y goresgynnwr.

Roedd UDA yn ystyried bod China'n bwysig yn economaidd a phrif fwriad polisi Roosevelt o ran Japan oedd diogelu China. Roedd Roosevelt yn cydnabod Chiang Kai-shek fel arweinydd pwysicaf China ac roedd yn awyddus i China fod yn aelod blaenllaw o'r Cenhedloedd Unedig ar ôl y rhyfel.

O dan Truman, parhaodd polisi America i gefnogi'r cenedlaetholwyr ac anfonodd Truman George Marshall ar genhadaeth heddwch yn 1946 i annog datrysiad rhwng y cenedlaetholwyr a'r comiwnyddion. Cafwyd cadoediad bregus ond methodd oherwydd:

- mabwysiadodd Chiang Kai-shek bolisi mwy ymosodol at y comiwnyddion, gan gredu y byddai'n derbyn cefnogaeth.

- pan dynnwyd milwyr Sofietaidd o Manchuria (roedden nhw wedi'i chipio gan Japan yn wythnos olaf yr Ail Ryfel Byd), dechreuodd y cenedlaetholwyr a'r comiwnyddion ymladd dros bwy ddylai ei rheoli.

Pam ddigwyddodd buddugoliaeth gomiwnyddol yn China erbyn 1949?

Arweiniodd yr ymladd at fuddugoliaeth gomiwnyddol erbyn 1949:

- Er i America anfon cymorth i'r cenedlaetholwyr, doedd hyn ddim yn ddigon.

- Roedd blynyddoedd pwysicaf y rhyfel cartref, 1947-49, yn gyfnod pan oedd gweinyddiaeth Truman wedi ymrwymo i'w pholisïau cyfyngiant a chymorth yn Ewrop. Ar y pwynt hwn, roedd y tu hwnt i gryfder UDA i gynnal cyfyngiant yn Ewrop ac Asia.

Cyfyngiant Polisi America am lawer o'r Rhyfel Oer i gyfyngu ar ledaeniad comiwnyddiaeth.

Gwirio gwybodaeth 37

Beth oedd y prif newidiadau o ran cyfeiriad polisi tramor America rhwng 1941 a 1950?

- Enillodd Mao gefnogaeth ehangach, yn enwedig o du'r werin gyda'i addewid o ddiwygiadau tir.
- Mewn cyferbyniad, roedd llywodraeth Chiang Kai-shek yn enwog am fod yn llwgr, yn annemocrataidd ac yn gynyddol aneffeithiol. Roedd ei pholisïau economaidd yn caniatáu i chwyddiant mawr niweidio cynilon a busnesau.

Erbyn 1949 roedd lluoedd comiwnyddol Mao wedi ennill, a dihangodd y rheini oedd yn dal i gefnogi Chiang i ynys Taiwan. Gwrthododd yr Americanwyr gydnabod llwyodraeth gomiwynyddol China.

Beth oedd yr effaith ar bolisi tramor America?

Cafodd llwyddiant Mao effaith sylweddol ar bolisi tramor UDA:

- Yn UDA, roedd gweld y comiwinyddion yn cipio grym yn cael ei ystyried yn fethiant.
- Y gred oedd nad oedd comiwnyddion Mao yn ddim mwy na phypedau'r UGSS a bod China gomiwnyddol a'r UGSS yn benderfynol o ormesu'r byd. Roedd llofnodi cytundeb heddwch yn 1950 rhwng yr UGSS a China fel pe bai'n cadarnhau hyn.
- Yr hyn oedd yn llai amlwg oedd y gefnogaeth lugoer oedd Stalin wedi'i rhoi i gomiwnyddion Mao. Mewn gwirionedd, doedd Stalin ddim yn arbennig o falch i weld yr hyn a allai ddatblygu'n bŵer comiwnyddol annibynnol.
- Anogodd y canlyniad yn China rym newydd i godi yng ngwleidyddiaeth America – McCarthyaeth. Beiodd y Seneddwr Joseph McCarthy ledaeniad comiwnyddiaeth ar fradwyr yn llywodraeth UDA.
- Poblogeiddiodd McCarthyaeth y syniad mai'r cyfan oedd angen ei wneud oedd dod o hyd i gomiwnyddion dirgel yn y llywodraeth. Felly doedd dim angen ymrwymiadau ariannol a milwrol drud. Parhaodd McCarthyaeth yn rym yng ngwleidyddiaeth UDA am flynyddoedd lawer a doedd dim modd i Truman ei anwybyddu.

Rhyfel Korea

Cefndir

Roedd Japan wedi meddiannu Korea ers 1910. Pan ddaeth yr Ail Ryfel Byd i ben, meddiannodd UDA a'r UGSS benrhyn Korea, gyda'r 38ain paralel lledred yn rhannu eu parthau. Y bwriad oedd uno Korea dan oruchwyliaeth y Cenhedloedd Unedig (*United Nations–UN*) newydd ar ôl cynnal etholiadau.

Er i UDA a'r UGSS dynnu eu milwyr allan, roedden nhw'n parhau i ddarparu cymorth milwrol yn eu rhanbarthau eu hunain. Yn y parth gogleddol Kim Il Sung oedd yn arwain y blaid gomiwnyddol ac yn y de, daeth arweinydd ceidwadol, Syngman Rhee, i'r amlwg. Gwrthododd y gogledd gymryd rhan yn yr etholiadau arfaethedig, ac yn y de, arweiniodd yr etholiad at fuddugoliaeth ansicr i Rhee. Roedd y ddau, Kim Il Sung a Syngman Rhee yn eu hystyried eu hunain yn wir arweinydd Korea.

Pam y bu gwrthdaro yn Korea?

Ar 25 Mehefin 1950 lansiodd lluoedd Kim Il Sung ymosodiad llawn ar y de. Roedd hyn yn sioc annymunol i Truman ac UDA:

- Cafodd Kim Il Sung gefnogaeth Stalin i'w weithred. Mae'n bosibl mai cymhelliad Stalin oedd tynnu sylw UDA oddi wrth Ewrop.

Gwirio gwybodaeth 38

Pan gipiodd y comiwnyddion rym yn China, beth oedd yr effaith ar bolisi tramor America?

■ Ymatebodd Truman yn gyflym. Nid oedd yn gallu fforddio ymddangos yn wan yn sgil y llwyddiant comiwnyddol yn China ac amlygrwydd McCarthyaeth gartref. Sicrhaodd benderfyniadau gan y CU yn condemnio ymosodedd Gogledd Korea ac yn galw ar aelodau o'r CU i gynorthwyo De Korea. Doedd dim modd i'r Sofietiaid ddefnyddio eu feto ar y Cyngor Diogelwch oherwydd ar y pryd roedden nhw'n boicotio'r CU am fethu â chydnabod llywodraeth gomiwynyddol newydd China.

Y Rhyfel

Bu bron i gyrch Gogledd Korea lwyddo ac ar un pwynt roedd lluoedd y Cenhedloedd Unedig a De Korea wedi'u dal yn gaeth yng nghornel de-ddwyrain Korea yn Pusan. Fodd bynnag, ym mis Medi 1950, lansiodd MacArthur wrthymosodiad ar dir a môr yn Inchon, gan orchfygu lluoedd Gogledd Korea, a'u gorfodi i gilio'n gyflym.

Cafodd hynt y rhyfel ei wrth-droi yn drawiadol ond creodd ymdeimlad o or-hyder. Awdurdododd Truman luoedd MacArthur i groesi'r 38ain paralel a goresgyn y gogledd i ddatrys problem Korea ac uno'r penrhyn unwaith ac am byth. Er i'r CU gymeradwyo'r cyrch, roedd hyn yn newid sylweddol o'r polisi cyfyngiant – roedd UDA a'i chyngheiriaid bellach wedi dechrau ar ryfel dros ryddid.

Roedd hyn yn peri pryder sylweddol i China wrth i luoedd UDA agosáu at afon Yalu, y ffin rhwng Korea a China. Gwrthymosododd China ar draws afon Yalu ym mis Ionawr 1951, gan ddefnyddio byddinoedd mawr yn erbyn lluoedd MacArthur, oedd wedi'u gorymestyn a'u defnyddio'n aneffeithiol. Roedd dim modd rhwystro'r cyrch Tsieineaidd a gyrrwyd lluoedd y CU yn ôl i'r de ar draws y 38ain paralel.

Roedd MacArthur yn awyddus i fomio China, gyda bomiau atomig os oedd angen, ond roedd penaethiaid staff America mewn gwirionedd yn erbyn enhangu'r rhyfel i China. Gan ddefnyddio lluoedd confensiynol wedi'u hatgyfnerthu'n helaeth, ymladdodd y CU yn ôl i'r 38ain paralel erbyn mis Mawrth 1951.

Ar y pwynt hwn aeth MacArthur y tu hwnt i'w awdurdod a mynnu bod y Tsieineaid yn ildio'n ddiamod, gan godi'r syniad o fomio China unwaith eto. Gwnaeth Truman y penderfyniad anodd i ddiswyddo MacArthur, oedd yn boblogaidd iawn, ac a gafodd groeso arwr pan ddychwelodd i UDA. Ond roedd Truman wedi cadarnhau egwyddor bwysig iawn, sef mai'r arlywydd oedd y pencadlywydd, ac y byddai'r fyddin dan reolaeth sifiliaidd.

Yn y cyfamser cyrhaeddodd y rhyfel sefyllfa nad oedd modd ei datrys o gwmpas y 38ain paralel a dechrewyd ar drafodaethau. Roedd y ddwy ochr wedi blino rhyfela ac roedd America wedi dioddef colledion trwm, gyda 54,000 o filwyr wedi cael eu lladd. Llaciwyd y tensiwn ychydig yn 1953 pan fu farw Stalin a phwysodd arlywydd newydd America, Dwight Eisenhower, ar China i drafod ymhellach drwy fygwth rhyfel niwclear. Yn y pen draw cytunwyd ar gadoediad, gyda'r ffin rhwng y gogledd a'r de unwaith eto'n cael ei gosod ar y 38ain paralel lle mae'n dal i fod hyd heddiw.

Beth oedd effaith Rhyfel Korea?

Roedd effaith rhyfel Korea fel a ganlyn:

■ Roedd yr hyn a wnaeth Truman yn Korea wedi mynd ymhellach na chyfyngiant ar gomiwnyddiaeth yn unig: ceisiodd UDA ei ddileu yng Ngogledd Korea gyda chanlyniadau trychinebus . Byddai llywodraethau UDA yn y dyfodol yn ofalus ynglŷn ag unrhyw ymdrechion tebyg i ryddhau gwledydd comiwnyddol.

Douglas MacArthur Cadfridog UDA a chwaraeodd ran flaenllaw yn y rhyfel yn erbyn Japan, 1941–45, ac a arweiniodd feddiannaeth UDA yn Japan ar ôl 1945 a lluoedd y CU yn Korea, 1950–51.

Cadoediad Cytundeb i roi'r gorau i ymladd.

Gwirio gwybodaeth 39

Pam arweiniodd Rhyfel Korea at gadoediad yn 1953?

- Cafwyd ehangu enfawr ar gyllideb amddiffyn America, oedd yn ei gwneud yn bosibl creu'r bom hydrogen, canolfannau newydd yn y Dwyran Canol a Phell, dyblu maint llu awyr America ac yn arwyddocaol, anfon lluoedd America i Ewrop. Yn 1950-51 rhoddwyd rhagor o gymorth milwrol i NATO ac anfonwyd byddin America i Ewrop. Derbyniwyd Gorllewin yr Almaen i NATO o'r diwedd yn 1955 a chaniatawyd iddi gyfrannu lluoedd milwrol.
- Rhoddwyd llawer mwy o gymorth ariannol a milwrol i gadarnle Chiang Kai-shek yn Taiwan.
- Rhwng 1950 a 1953 roedd McCarthyaeth yn erlid pobl yn y llywodraeth oedd o dan amheuaeth o fod yn fradwyr. Er i ffydd pobl yn MacCarthy gael ei danseilio'n ddiweddarach pan aeth yn rhy bell drwy gyhuddo byddin UDA o gynllwynio i ddymchwel y wlad, llwyddodd i atal Truman rhag cydnabod China gomiwnyddol.
- Bellach roedd UDA wedi ymrwymo i bolisi o gyfyngiant yn Ewrop ac Asia. Byddai'r gwrthdaro gyda China yn Korea yn cael effaith uniongyrchol ar bolisïau UDA yn y dyfodol yn Asia, yn enwedig yn Viet Nam.

Y Rhyfel Oer ac arlywyddiaeth Eisenhower 1953-61

Bu farw Stalin yn 1953 a chafodd Khrushchev ei benodoi yn olynydd iddo. Wedi hynny lleddfwyd rhywfaint ar y Rhyfel Oer dros dro. Roedd Eisenhower yn poeni'n fawr am lefel uchel gwariant America ar amddiffyn gan gredu mewn diplomyddiaeth bersonol i ddatrys ffynonellau anghydfod. Arweiniodd hyn at y canlynol:

- Gorddibyniaeth America ar arfau niwclear, maes lle roedd gan America orchafiaeth glir
- Ymdrech Eisenhower i feithrin perthynas agosach gyda'r UGSS yn uwchgynhadledd Genefa yn 1955–56. Er na chyflawnwyd dim byd pendant, roedd y llinellau cyfathrebu wedi'u hagor.

Ond roedd yn anodd lleddfu tensiynau'r Rhyfel Oer:

- Roedd y modd y ffrwynodd y Sofietiaid y gwrthryfel yn Hwngari yn 1956 yn greulon ac yn dangos y gafael Sofietaidd ar ddwyrain Ewrop. Ni wnaeth UDA ymyrryd. Yn anfodlon, roedd rhaid iddi gydnabod bod Hwngari o fewn rhanbarth dylanwad yr UGSS.
- Parhaodd Berlin yn glwyf agored yn y berthynas rhwng yr UGSS a'r Gorllewin. Gyda phobl yn mudo'n gyson o Ddwyrain yr Almaen i sector gorllewinol Berlin, cynyddodd y pwysau Sofietaidd ar y Gorllewin i adael y ddinas.
- Chwalwyd cynhadledd arall ym Mharis rhwng Eisenhower a Khrushchev yn 1960 gan y digwyddiad U2. Roedd awyren ysbïo Americanaidd U2 wedi'i saethu i lawr dros Rwsia. Er i'r Americanwyr wadu ysbïo, gwrthbrofwyd hyn pan gyflwynodd y Sofietiaid y peilot, Gary Powers. Dirywiodd y berthynas rhwng y ddau bŵer.
- Yn 1957 syfrdanwyd UDA pan lansiodd yr UGSS Sputnik, lloeren gynta'r byd. Daeth yr hyn oedd yn cael ei weld fel hunanfoddhad gweinyddiaeth Eisenhower yn bwnc pwysig yn etholiad arlywyddol 1960.
- Yn y Dwyrain Pell roedd perthynas UDA gyda China gomiwnyddol yr un mor wael. Arweiniodd y polisi o gefnogaeth i Chiang Kai-shek a Taiwan at densiynau dros ynysoedd Quemoy a Matsu. Sefydlwyd *SEATO* yn 1954 i efelychu cytundeb *NATO* yn Ewrop.

> **Gwirio gwybodaeth 40**
>
> Beth oedd effaith Rhyfel Korea ar bolisi tramor America?

SEATO Sefydliad Cytundeb De Ddwyrain Asia, yn cynnwys Prydain, UDA, Awstralia, Seland Newydd, Ffrainc, Pacistan, Gwlad Thai a'r Pilipinas.

Gweinyddiaeth Kennedy 1961-63: argyfyngau Berlin a Cuba

Enillodd John F Kennedy etholiad arlywyddol 1960 o drwch blewyn. Roedd rhan o'i ymgyrch etholiadol wedi honni bod gweinyddiaeth Eisenhower yn hunanfoddhaus ynglŷn â gallu technolegol cynyddol yr UGSS a bod yr UGSS yn prysur gau'r bwlch taflegrau niwclear. Mewn gwirionedd, roedd gallu niwclear enfawr gan UDA o hyd ond doedd Eisenhower ddim yn gallu datgelu tystiolaeth o ehediadau awyrennau ysbïo U2 cyfrinachol oedd wedi bod yn digwydd ers 1956.

Newidiodd Kennedy bolisi gofalus Eisenhower am ymagwedd fwy gweithredol at bolisi tramor. Mewn anerchiad sefydlu pwerus, addawodd y byddai UDA yn 'talu unrhyw bris, yn cario unrhyw faich, yn dioddef unrhyw galedi, yn cefnogi unrhyw ffrind, yn gwrthwynebu unrhyw elyn i sicrhau bod rhyddid yn goroesi ac yn llwyddo.'

Roedd y ffordd y deliodd Kennedy â'i argyfwng mawr cyntaf yn drychinebus. Yn 1959 roedd Fidel Castro wedi dymchwel unbennaeth Batista ar ynys Cuba, gan sefydlu gwladwriaeth gomiwnyddol un blaid a gwladoli cwmnïau UDA. Arweiniodd hyn at sancsiynau gan UDA a cheisiodd Castro gymorth gan Rwsia. Cynlluniodd yr Asiantaeth Gwybodaeth Ganolog (*Central Intelligence Agency–CIA*) oresgyniad gan luoedd gwrth-Castro i ansefydlogi llywodraeth Castro. Lansiwyd yr ymosodiad ym mis Ebrill 1961 yn y Bay of Pigs gyda chefnogaeth Kennedy, a bu'n fethiant llwyr. Casgliad Khrushchev oedd bod Kennedy'n fwnglerwr amhrofiadol.

Berlin

Roedd Khrushchev dan bwysau i barhau â'i hanes o fod yn bengaled ynglŷn â Berlin. Fe wnaeth Khrushchev gyfarfod â Kennedy yng nghynhadledd Wien ym mis Mehefin 1961 gan ei fygwth gydag wltimatwm o chwe mis i gynghreiriaid y gorllewin adael Berlin. Argyhoeddwyd Khrushchev gan y cyfarfod hwn bod Kennedy'n wan.

Wrth i wrthdaro posibl agosáu, daeth Khrushchev o hyd i ddatrysiad creulon. Ar 13 Awst, 1961 gorchmynodd i wal gael ei hadeiladu i wahanu Dwyrain a Gorllewin Berlin – roedd mynediad nawr yn cael ei gyfyngu i nifer fach o fannau croesi o dan reolaeth dynn. Yn anarferol, roedd y wal hon wedi'i chynllunio i gadw pobl i mewn yn hytrach nag allan, ac er gwaethaf yr holl drasiedi dynol a achoswyd, llwyddodd i leddfu'r tensiwn rhwng UDA a'r UGSS:

- Fel roedd Kennedy'n gweld pethau, roedd Gorllewin Berlin yn parhau o dan reolaeth y gorllewin a doedd hi ddim yn werth ymladd dros wal.
- Roedd Khrushchev wedi datrys problem uniongyrchol llif y ffoaduriaid o'r dwyrain.
- Er hynny, roedd y wal yn parhau'n symbol garw o'r gwahanol ideolegau oedd yn tanio'r Rhyfel Oer.

Argyfwng Taflegrau Cuba

Ffrwydrodd argyfwng mwy difrifol o lawer ym mis Hydref 1962 pan welodd awyrenau ysbïo Americanaidd **daflegrau balistig pellter canolig** o dan oruchwyliaeth swyddogion Sofietaidd ar ynys Cuba.

Roedd Khrushchev wedi caniatáu anfon y taflegrau yno oherwydd:

- ei rwystredigaeth am fethu â chael gwared â chynghreiriaid y gorllewin o Berlin
- ei angen am lwyddiant polisi tramor i dawelu ei feirniaid gartref

Gwirio gwybodaeth 41

Pam oedd hi'n anodd lleihau tensiynau'r Rhyfel Oer yn y cyfnod 1953-60?

Taflegrau pellter canolig Taflegrau oedd â'r gallu i daro'r rhan fwyaf o ddinasoedd UDA o Cuba.

- beirniadaeth gynyddol o'i bolisïau o gyfeiriad China
- ei arddull byrbwyll, a gyfrannodd yn ôl pob tebyg at yr argyfwng – y flwyddyn flaenorol ym mis Awst 1961 roedd wedi ymffrostio i'r byd am brawf arf niwclear a ffrwydrodd fom hydrogen 58 megatunell, 3,000 gwaith yn fwy pwerus na bom Hiroshima ac yn fwy nag unrhyw beth ym meddiant UDA
- ei fethiant i werthfawrogi gallu Kennedy yn dilyn y Bay of Pigs a'r cyfarfod yn Wien.

Doedd dim modd i Kennedy anwybyddu gosod taflegrau balistig mor agos i gartref; a doedd dim modd chwaith iddo anwybyddu cyfrinachedd y cyrch Sofietaidd. Synnwyd yr UGSS gan ei ymateb grymus.

Paratôdd Kennedy i ymosod gydag ymateb graddol, dan reolaeth a fyddai'n caniatáu i Khrushchev dynnu'n ôl heb gael ei fychanu yn llwyr.

Ar 22 Hydref, cyhoeddodd Kennedy gwarantin o gwmpas Cuba gyda blocâd morwrol yn ei weithredu, ac apeliodd ar Khrushchev i dynnu'r taflegrau oddi yno. Paratôdd NATO am ryfel niwclear wrth i longau Sofiet agosáu at y gwarchae ac ar y 27ain saethwyd awyren U2 Americanaidd i lawr uwchben Cuba.

Roedd Khrushchev wedi anfon neges ar y 26ain yn cynnig tynnu'r arfau'n ôl os byddai Kennedy'n cytuno i dynnu'r blocâd yn ôl ac addo peidio ag ymosod ar Cuba. Roedd ail neges ar y 27ain, yn mynnu tynnu taflegrau Americanaidd o Dwrci, yn llai cymodlon, gan adlewyrchu efallai bersonoliaeth byrbwyll Khrushchev a'r pwysau oedd arno o gyfeiriad ei luoedd arfog ei hun. Roedd Fidel Castro hefyd yn pwyso ar y Sofietiaid i weithredu – ac os oedd angen, gweithredu niwclear.

Roedd y posibilrwydd o ryfel niwclear o hyd. Penderfynwyd y dylai'r arlywydd ateb y llythyr cyntaf a thu ôl i'r llenni sicrhaodd y llysgennad Sofietaidd y byddai'r taflegrau Americanaidd yn cael eu tynnu o Dwrci.

Stopiodd y llongau Sofietaidd cyn cyrraedd y blocâd a chyhoeddodd Khrushchev ar 28 Hydref y byddai'r taflegrau'n cael eu symud o Cuba. Roedd yr argyfwng drosodd gyda'r ddwy ochr yn sylweddoli'n ddifrifol eu bod wedi dod yn agos iawn at ryfel niwclear. Er bod y ddwy ochr wedi gwyro at gyfaddawd, doedd hi ddim yn glir ar adegau mai dyma fyddai'n digwydd. Yn ddiweddarach, datgelodd comander llong danfor Sofietaidd y perygl y gallai'r rhyfel fod wedi dechrau ar ddamwain gan iddo ystyried rhyddhau ffrwydryn niwclear ar ei liwt ei hun pan aflonyddodd llongau UDA arno gerllaw'r blocâd.

Dyma foment fwyaf peryglus y Rhyfel Oer.

Canlyniadau Argyfwng Taflegrau Cuba

Canlyniadau Argyfwng Taflegrau Cuba oedd:
- Enillodd Kennedy fri sylweddol am ei ymateb pwyllog i argyfwng peryglus a chanlyniad llwyddiannus ei bolisi. Byddai llwyddiant ymateb graddedig yn dylanwadu ar gyfeiriad polisi America yn Viet Nam.
- Yr hyn oedd ar goll yn y dadansoddiad hwn oedd, er bod Khrushchev wedi tynnu'n ôl, na wnaeth Castro hynny. Nid oedd pŵer UDA wedi codi arswyd ar genedlaetholdeb chwyldroadol. Roedd hon yn wers y byddai'n rhaid ei dysgu o'r newydd yn Viet Nam.
- Roedd cyfundrefn gomiwnyddol Cuba bellach yn ddiogel gan fod y bygythiad o ymosodiad gan UDA wedi cilio.

Gwirio gwybodaeth 42

Pam ddigwyddodd argyfwng ynghylch gosod taflegrau Sofietaidd yn Cuba yn 1962?

- Perswadiodd y bygythiad o ryfel niwclear damweiniol y gwrthwynebwyr i sefydlu llinell boeth – sianel gyfathrebu uniongyrchol rhwng Washington a Moscow. Yn 1963 cytunodd y tri phrif bŵer niwclear, yr UGSS, UDA a Phrydain, ar Gytundeb Cyfyngedig i Wahardd Profion arfau niwclear yn yr atmosffer.

- Yn yr UGSS roedd cydweithwyr Khrushchev yn dechrau blino ar ei bolisi afreolus a'i ddiffyg llwyddiant yn Berlin a Cuba. Collodd ei rym ym mis Hydref 1964. Gan nad oedd byth yn dymuno cael ei gosod mewn sefyllfa niwclear israddol eto, dechreuodd yr UGSS ehangu ei lluoedd niwclear yn fuan. Erbyn 1970 roedd wedi adeiladu, ar gost fawr i'r economi, mwy o daflegrau balistig rhyng-gyfandirol (*IBCM*) nag UDA.

Taflegrau balistig rhyng-gyfandirol Taflegrau uwchsain o bell.

> ### Cyngor
>
> Mae'n bwysig gweld sut gall camddeall a chamddarllen sefyllfa ddwysau'n gyflym i greu argyfwng, fel y digwyddodd yn 1962. Roedd Kennedy a Krushchev yn gorfod ystyried cyngor oedd yn gwrthdaro wrth iddyn nhw faglu at gyfaddawd, tra gallai'r sefyllfa ar y tir (e.e. saethu awyren U2 i lawr neu banic dros dro comander wedi arwain at ryfel.

Gwirio gwybodaeth 43

Beth oedd canlyniadau Argyfwng Taflegrau Cuba?

Ailgyfeirio polisi tramor UDA at y Rhyfel Oer, 1963-72

Roedd llawer o ffocws America yn ystod y cyfnod hwn ar Ryfel Viet Nam. Ond gwelwyd llacio amlwg yn y tensiwn rhwng yr UGSS ac UDA, proses a alwyd yn 'détente':

- I raddau ysbrydolwyd proses détente gan bolisïau mwy annibynnol gan gynghreiriaid *NATO*. Yng Ngorllewin yr Almaen yn ystod y 1960au, poblogeiddiodd y gwleidydd blaenllaw Willy Brandt syniad Ostpolitik, sef lleihau'r tensiynau gyda'r UGSS yn y gobaith y byddai modd uno'r Almaen yn heddychlon yn y pen draw.

- Roedd arlywydd Ffrainc, Charles de Gaulle, oedd yn casau tra-arglwyddiaeth UDA dros NATO, yn fwy annibynnol, a gadawodd *NATO* yn 1966 a mabwysiadu ei bolisi ei hun at yr UGSS.

- Fodd bynnag, i raddau helaeth cost cynnal arfau niwclear mawr a pheryglon posibl rhyfel niwclear oedd yr hyn a arweiniodd at drafodaethau o'r newydd rhwng UDA a'r UGSS i leihau'r nifer o arfau niwclear.

Gwelwyd newid cyfeiriad clir ym mholisi UDA yn ystod arlywyddiaeth Richard Nixon (1969-74) gyda pholisïau détente at yr UGSS a China. Chwaraeodd ymgynghorydd diogelwch cenedlaethol Nixon (ac o 1973 yr ysgrifennydd gwladol) **Henry Kissinger** ran bwysig yn meithrin cysylltiadau personol – gwib-ddiplomyddiaeth – gydag arweinwyr byd, gan wneud llawer o'r gwaith paratoi oedd yn sail i détente.

Henry Kissinger diplomydd Americanaidd, cynghorydd diogelwch Nixon, 1969–73, ac ysgrifennydd gwladol, 1973–76.

Gwelwyd canlyniad hyn yn y cytundeb *SALT – Strategic Arms Limitation Treaty* yn 1972 a gytunwyd mewn uwchgyfarfod ym Moscow, oedd yn gosod cyfyngiadau ar y nifer o daflegrau rhyng-gyfandirol a thanfor (*SLBM*) oedd gan UDA a'r UGSS. Fodd bynnag, hepgorwyd llawer o gategorïau o *SALT* ac roedd yn parhau am 5 mlynedd yn unig.

SALT (Strategic Arms Limitation Treaty) Cytunideb Cyfyngu Arfau Strategol - ymgais i reoli'r nifer o arfau niwclear.

Roedd polisi Nixon at China'n fwy arwyddocaol:

- Ag yntau'n ymwybodol o'r elyniaeth gynyddol rhwng yr UGSS a China (cafwyd ymladd ar y ffin yn 1969) a dylanwad China ar Ogledd Viet Nam, ceisiodd Nixon rannu'r prif bwerau comiwnyddol ac ennill cefnogaeth China i ddod â'r rhyfel yn Viet Nam i ben (gweler tt 71–72).

■ Roedd cymhellion economaidd hefyd, oherwydd byddai China'n farchnad ar gyfer nwyddau Americanaidd mewn cyfnod pan oedd economi UDA dan bwysau oherwydd Rhyfel Viet Nam. Arweiniodd ymweliad Kissinger â Beijing yn 1971 at gynhesu'r berthynas.

Nixon oedd yr arlywydd Americanaidd cyntaf i ymweld â China gomiwnyddol mewn ymweliad a gafodd gyhoeddusrwydd eang yn 1972 pan wnaeth gyfarfod â Mao a'i brif weinidog Zhou Enlai.

Er na chafodd perthynas ddiplomyddol ei hadfer am chwe blynedd, cynyddodd masnach, ac yn arwyddocaol, rhoddwyd sedd i China gomiwnyddol ar Gyngor Diogelwch y Cenhedloedd Unedig.

Gwirio gwybodaeth 44

Beth oedd polisi détente?

Rhyfel Viet Nam

Problem Viet Nam

Cyn yr Ail Ryfel Byd roedd Viet Nam yn rhan o Indo-China Ffrengig. Yn ystod y rhyfel cafodd ei meddiannu gan Japan. Dechreuodd grŵp o genedlaetholwyr Viet Nam, y Vietminh, ryfel gerila yn erbyn Japan. Y grŵp mwyaf pwerus yn y Vietminh oedd y blaid gomiwnyddol o dan arweiniad Ho Chi Minh. Pan orchfygwyd Japan yn 1945, datganodd Ho Chi Minh annibyniaeth Viet Nam o Ffrainc a sefydlodd lywodraeth yn Hanoi.

Fodd bynnag gwrthododd Ffrainc ganiatáu annibyniaeth gan anfon milwyr i Viet Nam. Doedd protestiadau Ho bod hyn yn mynd yn erbyn Siarter yr Iwerydd ddim yn cyfrif fawr ddim yn yr awyrgylch o gyfyngiant ar ôl y rhyfel. Roedd y Vietminh yn cael eu hystyried yn rhan o gynllun Sofietaidd ar gyfer gormesu'r byd a sefydlwyd llywodraeth o blaid y gorllewin gyda chefnogaeth Ffrainc yn Saigon. Yn 1954 gorchfygwyd byddin Ffrainc yn Dien Bien Phu gan luoedd Ho Chi Minh.

Yn ystod y cynhesu ym mherthynas UDA a'r UGSS ar ôl marwolaeth Stalin, fe wnaeth y pwerau mawr gyfarfod yn Genefa yn 1954-55 i ddatrys cwestiwn Viet Nam. Cytunwyd:
■ y byddai Ffrainc yn gadael Viet Nam.
■ y byddai Viet Nam yn cael ei rhannu ar y 17eg paralel, gyda pharth di-filwyr yn rhannu'r gogledd a'r de dros dro.
■ addo etholiad i benderfynu a fyddai'r ddau barth yn cael eu huno.

Gan ofni y byddai Ho Chi Minh yn ennill yr etholiad, gwrthododd UDA ei gynnal, gan gefnogi arweinydd y de, Ngo Dinh Diem. Ymrwymodd Eisenhower UDA i amddiffyn y de, gan gadarnhau'r 'theori domino' (pe bai Viet Nam yn dod o dan reolaeth gomiwnyddol, byddai gwleidydd eraill yn y rhanbarth yn syrthio fel rhes o ddominos).

Roedd llywodraeth Diem yn amhoblogaidd ac yn llwgr. Ag yntau'n Gatholig mewn gwlad lle roedd y rhan fwyaf o'i bobl yn Fwdhyddion, roedd Diem yn ei chael yn anodd sefydlu llywodraeth ddilys. Dechreuodd gerilas comiwnyddol De Viet Nam, y Vietcong, gyda chefnogaeth filwrol Gogledd Viet Nam, ymgyrch yn erbyn llywodraeth Diem. Roedd yn anodd i fyddin De Viet Nam i wneud unrhyw gynnydd yn erbyn y Vietcong a lluoedd Gogledd Viet Nam.

Pam ymyrrodd UDA?

Methodd llywodraethau olynol UDA â gwerthfawrogi pŵer cenedlaetholdeb, yn ogystal â dehongli'r hyn oedd yn rhyfel cartref fel rhan o'r Rhyfel Oer, ac felly dwysaodd ymyrraeth UDA yn Viet Nam:

- Anfonodd gweinyddiaeth Eisenhower gymorth ariannol a milwrol i Dde Viet Nam.
- Cynyddodd gweinyddiaeth Kennedy y cymorth hwn yn sylweddol. Fel un oedd yn cefnogi cyfyngiant yn gryf, anfonodd Kennedy luoedd arbennig i gynnal cyrchoedd cudd yng Ngogledd Viet Nam ac erbyn 1963 roedd wedi ymrwymo 16,300 o ymgynghorwyr milwrol i'r De. Gan ei fod yn poeni am amhoblogrwydd a llygredd llywodraeth Diem, awdurdododd ymosodiad milwrol yn erbyn Diem a chafodd ei lofruddio ym mis Tachwedd 1963. Yn ei le daeth arweinwyr milwrol nad oedd ganddynt gefnogaeth gyhoeddus. O fewn tair wythnos roedd Kennedy hefyd wedi cael ei lofruddio.
- Aeth olynydd Kennedy, Lyndon Johnson, ymhellach. Ar 2 Awst 1964 honnwyd bod llongau arfau Gogledd Viet Nam wedi saethu at longau distryw UDA yng Ngwlff Tonkin. Er nad oedd amgylchiadau'r digwyddiad yn glir, gofynnodd Johnson am benderfyniad gan y Gyngres, ac fe'i cafodd. Hwn oedd Penderfyniad Gwlff Tonkin, oedd yn awdurdodi'r arlywydd i gymryd 'pob cam angenrheidiol i wrthsefyll unrhyw ymosodiad arfog yn erbyn lluoedd arfog yr Unol Daleithiau ac atal ymosodiadau pellach.' Awdurdododd Johnson ymosodiadau gan UDA ar Ogledd Viet Nam ac ymrwymodd filwyr tir yn 1965.
- Dechreuodd *Operation Rolling Thunder* – bomio targedau yng Ngogledd Viet Nam – ym mis Mawrth 1965 a thyfodd i fod y cyrch awyr mwyaf mewn hanes. Gollyngwyd chwe miliwn o dunelli o ffrwydron (ddwywaith gymaint â'r Ail Ryfel Byd) gan awyrennau UDA. Erbyn 1969, roedd 536,600 o filwyr UDA hefyd wedi'u hymrwymo i Viet Nam. Amcangyfrifwyd mai cyfanswm rhyfeddol gwariant UDA ar y rhyfel oedd $106.8 biliwn, oedd yn llawer iawn mwy na rhaglen Cymdeithas Fawrfrydig Johnson.
- Roedd y dwysâu hwn yn ganlyniad i'r polisi cyfyngiant oedd wedi'i ddilyn gan holl lywodraethau UDA ers 1947. Byddai anwybyddu Viet Nam a gweld y wlad yn anochel yn cael ei huno dan reolaeth gomiwnyddol Ho Chi Minh yn mynd yn erbyn cyfeiriad polisi UDA hyd y pryd hwnnw.
- Y farn oedd fod hygrededd UDA fel pŵer byd-eang yn y fantol – pe bai'n methu yn Viet Nam, pa neges fyddai hynny'n ei hanfon at ei ffrindiau a'i chyngheiriaid yng ngweddill y byd?
- Roedd y rhan fwyaf o'r ymgynghorwyr allweddol yng ngweinyddiaethau Kennedy a Johnson yn ddynion ifanc yn ystod yr Ail Ryfel Byd gyda bron pob un ohonyn nhw wedi cymryd rhan yn y rhyfel. Roedd yr atgof o ddyhuddiad a'i ganlyniadau wedi'i argraffu'n bendant ar eu meddyliau yn ystod eu blynyddoedd ffurfiannol. Ni ddylai fod yn syndod y byddai hyn yn llywio eu polisïau fel gwleidyddion.
- Unwaith roedd yr ymrwymiad wedi'i wneud, byddai'n cael ei ystyried yn drychineb gwleidyddol i arlywydd UDA newid ei feddwl.
- Yn 1965 roedd prif ymgynghorwyr UDA i gyd yn credu y byddai ymrwymo grym awyr a lluoedd tir UDA yn newid pethau ac y byddai ymateb graddol, cynyddol yn argyhoeddi Gogledd Viet Nam i ddod i drafod ac yn hwb i lywodraeth De Viet Nam.

Gwirio gwybodaeth 45

Pam ymyrrodd UDA yn Viet Nam?

Pam fu ymyrraeth America'n fethiant?

Roedd ymyrraeth UDA yn Viet Nam yn aflwyddiannus am y rhesymau canlynol:

- Roedd pŵer milwrol America'n aneffeithiol. Roedd yn dibynnu ar gynyddu'r bomio'n raddol gyda chyrchoedd 'chwilio a dinistrio' yn cael eu lansio gan UDA o ganolfannau milwrol gyda'r bwriad o achosi colledion trwm ymhlith y Vietcong a byddin Gogledd Viet Nam. Ym mis Ionawr 1968 lansiodd Gogledd Viet Nam wrthymosodiad enfawr – Cyrch Tet – wedi'i anelu at ardaloedd trefol De Viet Nam. Er i'r ymosodiad gael ei hyrddio'n ôl gyda cholledion trwm (roedd yn drychineb tactegol i'r Vietcong a Gogledd Viet Nam), roedd ei effaith seicolegol ar ewyllys llywodraeth UDA i barhau ac ar ymddiriedaeth cyhoedd America yn y llywodraeth yn ysgubol.

- Roedd gan y Vietcong a Gogledd Viet Nam lawer o fanteision. Ar ôl cael eu gorchfygu roedd yn hawdd iddyn nhw ailgynnull mewn ardaloedd mwy diogel y tu allan i Dde Viet Nam, gyda chyflenwadau'n dod drwy lwybr Ho Chi Minh drwy Cambodia. Roedd daearyddiaeth Viet Nam yn addas ar gyfer cyrchoedd gerila, gyda digon o guddfannau yn y jyngl a chefnogaeth ym mhentrefir werin. Roedd arweinwyr Gogledd Viet Nam, Ho Chi Minh a'r Cadfridog Giap, eisoes wedi llwyddo yn erbyn Ffrainc ac roedd ganddyn nhw'r gallu a'r ewyllys i frwydro'n amyneddgar ac yn hir gan dderbyn y byddai llawer o golledion. Ond doedd y farn gyhoeddus yn America ddim yn barod i dderbyn hyn.

- Mewn cyferbyniad, roedd perfformiad byddin De Viet Nam yn gyffredinol yn annigonol, heb gefnogaeth gyhoeddus na hygrededd.

- Arweiniodd bomio trylwyr yr Americanwyr, y defnydd o *napalm* a dinistrio pentrefi at ffieidd-dod. Achosodd y defnydd o ddiddeiliaid fel *Agent Orange* a chwynladdwyr eraill ddifrod ac dioddefaint aruthrol. Bu farw miliynau o bobl gyffredin, yn y gogledd a'r de. Ni lwyddodd y strategaeth i ennill 'calonnau a meddyliau'.

- Yn dilyn Cyrch Tet, gofynnodd y Cadfridog Westmoreland am 200,000 o filwyr ychwanegol: roedd hyn yn annerbyniol yn wleidyddol yn 1968. Doedd Johnson ddim yn gallu ehangu'r rhyfel i Ogledd Viet Nam oherwydd (gan gofio Korea) y risg y gallai'r UGSS a China ymuno yn y rhyfel. Doedd y defnydd o arfau niwclear ddim yn ddewis realistig am yr un rheswm.

- Tanseiliodd yr ymgyrch gerila hir ysbryd lluoedd UDA, gyda llawer yn dechrau cwestiynu pam eu bod yn ymladd yn Viet Nam erbyn diwedd y 1960au. Roedd cyffuriau ar gael yn rhwydd, ac roedd hynny'n tanseilio disgyblaeth.

- Erbyn diwedd 1967 roedd yr ymgyrch gwrth-ryfel wedi cynyddu, yn enwedig mewn prifysgolion a phobl yn osgoi'r drafft. Roedd straeon am y rhyfel oedd ar gyfryngau UDA yn rheolaidd yn dangos delweddau ac adroddiadau oedd yn peri pryder, ac roedd hyn yn tanseilio'r cefnogaeth i barhad yr ymladd. Roedd y nifer uchel o farwolaethau – o leiaf 30,000 o Americanwyr wedi'u lladd erbyn 1968 – yn bwydo'r gwrthwynebiad gwleidyddol.

- Roedd Johnson yn wynebu gwrthwynebiad sylweddol oddi fewn i'w blaid ei hun erbyn 1968, gyda'r Seneddwr McCarthy a'r Seneddwr Robert Kennedy yn gwrthwynebu'r rhyfel yn agored ac yn sefyll yn llwyddiannus yn y rhagetholiadau Democrataidd.

- Ag yntau wedi digalonni, cyhoeddodd Johnson ddiwedd ar y cyrch bomio ar 31 Mawrth 1968 a syfrdanodd y genedl drwy gyhoeddi na fyddai'n sefyll i gael ei ailethol yn arlywydd. Roedd Viet Nam wedi ei ddinistrio. Dechreuodd trafodaethau heddwch cychwynnol gyda Hanoi y mis canlynol.

Y rhyfel yn llusgo'n ei flaen 1969–75

Addunedodd olynydd Johnson, Richard Nixon, ddod â'r rhyfel i ben. Gan gydnabod bod ymyrraeth Americanaidd pellach yn amhosibl yn wleidyddol, penderfynodd ar y canlynol:

- polisi o Vietnameiddio, gan gefnogi a hyfforddi byddin De Viet Nam i gymryd lle byddin UDA

- gosod pwysau ar Ogledd Viet Nam, drwy fomio ychwanegol os oedd angen, i gytuno ar heddwch derbyniol – roedd y trafodaethau heddwch a ddechreuodd yn 1968 wedi methu

- ehangu'r rhyfel i Cambodia i amharu ar allu ymosodol Gogledd Viet Nam drwy ddinistrio eu canolfannau gerila.

Gwirio gwybodaeth 46

Pam fu ymyrraeth America yn Viet Nam yn aflwyddiannus?

Cyngor

Cofiwch nad yw goruchafiaeth milwrol llethol o reidrwydd yn gwarantu llwyddiant mewn rhyfel yn erbyn gelyn gwannach os oes ffactorau eraill mwy tyngedfennol.

Llwyddodd polisïau Nixon i ostwng y nifer o filwyr Americanaidd, felly erbyn mis Medi 1972 dim ond 40,000 oedd ar ôl yn Viet Nam. Er hynny, drwy ehangu'r rhyfel i Cambodia cynyddodd y nifer o golledion, oedd eisoes yn uchel. Roedd Nixon wedi gorchymyn bomio canolfannau Gogledd Viet Nam yn Cambodia yn gyfrinachol yn 1969, heb gydnabod y weithred yn gyhoeddus tan fis Ebrill 1970.

Sbardunodd hyn fwy fyth o wrthwynebiad i'r rhyfel:

- Saethwyd pedwar myfyriwr yn farw gan warchodwyr cenedlaethol ym Mhrifysgol Kent State ym mis Mai 1971.
- Taniodd achos llys cyflafan *My Lai* y farn gyhoeddus ymhellach: cafwyd yr Is-gapten William Calley yn euog o lofruddio 22 o bobl gyffredin Viet Nam.
- Pan gyhoeddwyd Papurau'r Pentagon yn y *New York Times* yn ystod haf 1971 cafodd maint twyll llywodraeth UDA pan ddechreuodd y rhyfel ei weld, gan gynnwys gwybodaeth gamarweiniol ynglŷn â digwyddiad Gwlff Tonkin.

Pan lansiodd Gogledd Viet Nam ymgyrch milwrol newydd yn erbyn y de oedd bellach yn wan ym mis Mai 1972, awdurdododd Nixon cyrch awyr enfawr ar y gogledd. Caniataodd America i luoedd Gogledd Viet Nam aros yn y de ac arweiniodd hyn at ailddechrau'r trafodaethau. Ni chafwyd cytundeb terfynol tan fis Ionawr 1973 ar ôl i'r bomio ailddechrau dros y Nadolig yn 1972.

Roedd yr heddwch yn caniatáu tynnu lluoedd America'n ôl a dychwelyd carcharorion rhyfel, ond roedd yn sylfaenol ddiffygiol drwy adael lluoedd Gogledd Viet Nam yn Ne Viet Nam.

Er i'r de gael addewid o gefnogaeth ariannol a milwrol gan Nixon, tanseiliwyd ei sefyllfa ddomestig yn llwyr gan **sgandal Watergate** a phenderfyniad y Gyngres i beidio â darparu rhagor o gymorth i Dde Viet Nam. Pasiodd y Ddeddf Pwerau Rhyfel yn 1973, gan osod cyfyngiadau llym ar y cyfnod y gallai arlywydd America gadw lluoedd dramor heb gymeradwyaeth y Gyngres.

Pan ailgychwynnodd y gogledd frwydro yn erbyn y de gwan yn 1974-75, gwrthododd y Gyngres ddarparu rhagor o gymorth i Dde Viet Nam. Syrthiodd Saigon i luoedd comiwnyddol ym mis Ebrill 1975 – roedd ymyrraeth America yn Viet Nam wedi methu'n llwyr.

Beth oedd canlyniadau methiant UDA?

Roedd canlyniadau sylweddol i fethiant UDA yn Viet Nam:

- Bu farw tua 58,000 o filwyr America, ac nid yn unig oedd cost anferthol y rhyfel wedi dinistrio rhaglen Cymdeithas Fawrfrydig Johnson, ond hefyd sbardunodd chwyddiant, gan danseilio safle America fel pŵer mawr economaidd.
- Roedd y dioddefaint yn Viet Nam yn fwy o lawer. Lladdwyd hanner miliwn o bobl gyffredin Viet Nam, anafwyd cannoedd o filoedd a chafwyd 5 miliwn o ffoaduriaid. Roedd y colledion milwrol yng Ngogledd Viet Nam yn hanner miliwn ac mae'n bosibl fod miliynau o golledion ymhlith pobl gyffredin. Gwaethygwyd y drychineb gydag ansefydlogi Cambodia, a arweiniodd at unbennaeth y **Khmer Rouge** a fu'n gyfrifol am filiynau o farwolaethau.
- Gartref, roedd ymdeimlad o ddadrithiad yn rhannol oherwydd Watergate ac yn rhannol oherwydd ei bod bellach yn amlwg fod y llywodraeth wedi dweud celwydd wrth y bobl am raddfa'r rhyfel, niferoedd y milwyr a bomio Cambodia.

Sgandal Watergate
Bwrgleriaeth y Pwyllgor Cenedlaethol Democrataidd yn 1972 yn Adeilad Watergate yn Washington DC. Roedd Nixon wedi sbarduno a chuddio gweithredoedd anghyfreithlon yn erbyn ei wrthwynebwyr gwleidyddol.

Khmer Rouge
Llywodraeth gomiwynyddol dan arweiniad Pol Pot a gipiodd rym yn Cambodia yn 1975.

- Roedd y consensws ynghylch cyfyngiant wedi chwalu, gyda'r rhan fwyaf o Americanwyr yn ddryslyd ac yn rhanedig iawn am gyfeiriad polisi tramor.
- Rhoddwyd damcaniaeth domino o'r neilltu. Gwelwyd bod y fytholeg am gynllun comiwnyddol unedig yn gwbl ddi-sail pan aeth Viet Nam gomiwnyddol i ryfel yn erbyn Cambodia gomiwnyddol yn 1976; erbyn 1978 roedd China gomiwnyddol hefyd yn rhyfela gyda Viet Nam gomiwnyddol.

Gwirio gwybodaeth 47

Beth oedd canlyniadau methiant yn Viet Nam o ran polisi tramor UDA?

Crynodeb

Pan fyddwch chi wedi cwblhau'r pwnc hwn dylai fod gennych wybodaeth a dealltwriaeth drylwyr yn y meysydd canlynol:

- y rhesymau pam y daeth ymynysedd dan bwysau ac yr helpodd Roosevelt Brydain
- y rhesymau pam y dirywiodd y berthynas gyda Japan
- cyfraniad America i'r fuddugoliaeth yn yr Ail Ryfel Byd

- chwalu'r gynghrair ryfel a dechrau'r Rhyfel Oer
- effaith dyfodiad comiwnyddiaeth yn China, 1949
- effaith Rhyfel Korea
- argyfyngau Berlin a Cuba
- y rhesymau dros bolisi détente
- Rhyfel Viet Nam.

Arwyddocâd détente a diwedd y Rhyfel Oer, 1975–90

Methiant détente, 1975–80

Ar y dechrau llwyddodd y broses détente i oroesi cwymp Richard Nixon, oedd wedi ymddiswyddo fel arlywydd dros sgandal Watergate ym mis Awst 1974. Aeth ei olynydd, Gerald Ford, i gyfarfod â Leonid Brezhnev, arweinydd yr UGSS, yn Vladivostok ym mis Tachwedd 1974 a chytunwyd i drafod olynydd i *SALT* gyda lleihad pellach mewn arfau niwclear strategol.

Cytundebau Helsinki

Cryfhawyd yr awyrgylch o gydweithio yn 1975 gyda Chytundebau Helsinki, cytundeb rhwng 35 o wledydd yn cynnwys UDA, yr UGSS a'r rhan fwyaf o wledydd Ewrop oedd yn cynnwys derbyn hawliau dynol yn sylweddol a 'thrawsnewid ffiniau'n heddychlon'. Byddai arwyddocâd tymor hir i Gytundebau Helsinki ar gyfer monitro hawliau dynol yn yr Undeb Sofietaidd a dwyrain Ewrop yn ogystal â chyfeiriad polisi tramor UDA dan yr arlywydd nesaf, Jimmy Carter (1977–81).

SALT II

Addawodd Carter ddilyn agenda mwy moesol o ran polisi tramor, un a fyddai'n seiliedig ar egwyddor a hawliau dynol. Er bod y trafodaethau gyda'r UGSS wedi parhau ar *SALT II*, yn aml roedden nhw'n ddigon anodd oherwydd penderfyniad Carter i gysylltu rheoli arfau gyda materion hawliau dynol. Fodd bynnag, erbyn 1979 roedd cytundeb amlinellol ar *SALT II* wedi'i gyflawni:

- cyfyngiad o 2,400 ar gerbydau danfon niwclear gan ostwng i 2,250 erbyn 1982
- cyfyngu ar y nifer o arfbennau ar bob cerbyd

Cytundeb cyfyngedig oedd hwn ond am y tro cyntaf roedd yn cynnig lleihau yn ogystal â chyfyngu arfogaeth niwclear. Y broblem enfawr gyda *SALT II* oedd nad oedd yn ystyried ffactor newydd yn yr hafaliad niwclear – lleoli taflegrau niwclear pellter canolig Sofietaidd, y SS20au, yn Ewrop yn 1976 a 1977. Wrth i'r drafodaeth i gadarnhau *SALT II* fynd rhagddi yn y Gyngres, tanseiliwyd y rhagolygon ar gyfer détente gan:

- lwyddiant yr UGSS i sicrhau cydraddoldeb niwclear. Erbyn 1975 roedd gan yr UGSS fwy o gerbydau danfon niwclear nag UDA a rhwng 1977 a 1983 roedd wedi pasio'r nifer o arbennau niwclear oedd gan UDA
- yr UGSS yn gosod SS20au yn nwyrain Ewrop
- ymyrraeth Sofietaidd yn rhyfel cartref Angola yn 1975–76 a Horn Affrica yn 1978. Erbyn mis Chwefror 1978 roedd 15,000 o filwyr Cuba yn Ethiopia ac roedd yr UGSS wedi rhoi $1 biliwn mewn cymorth milwrol.

Diwedd détente, 1979–80

Cafwyd dau ddigwyddiad yn 1979-80 a chwalodd détente unwaith ac am byth, ac yn sgil hynny, lofnodi *SALT II*:

- Yn 1979 llwyddodd chwyldro Islamaidd Iran i ddisodli rheolwr y wlad, y Shah. Roedd Iran o dan y Shah wedi bod yn gynghreiriad pwysig i UDA yn ystod y Rhyfel Oer. Ym mis Tachwedd 1979 ymosododd dilynwyr arweinydd newydd Iran, yr Ayatollah Khomeini, ar lysgenhadaeth UDA yn Teheran a chipio 63 o wystlon Americanaidd. Bu cyrch i'w hachub wedi ei awdurdodi gan yr Arlywydd Carter ond bu'n fethiant truenus yn 1980.
- Ym mis Rhagfyr 1979 ymosododd yr UGSS ar Afghanistan. Dyma'r defnydd mwyaf o filwyr Sofiet y tu hwnt i'w thiriogaeth ers yr Ail Ryfel Byd. Honnodd yr UGSS ei fod yn symudiad amddiffynol i ddiogelu ei gweriniaethau deheuol rhag ffwndamentaliaeth Islamaidd. Yng nghyd-destun digwyddiadau eraill ddiwedd y 1970au, roedd Carter yn gweld hyn fel bygythiad gan UGSS ymosodol.

O ganlyniad gorchmynodd yr Arlywydd Carter y canlynol:

- tynnu *SALT II* yn ôl o'r Senedd
- boicot o Gemau Olympaidd Moscow yn 1980
- gwaharddiad ar werthu grawn ac eitemau technoleg uchel i'r UGSS

Roedd détente ar ben a dechreuodd cyfnod newydd yn y Rhyfel Oer. Beirniadodd Ronald Reagan, ymgeisydd arlywyddol y blaid Weriniaethol yn 1980, bolisïau Carter fel rhai gwan ac annoeth, gan bortreadu'r UGSS fel pŵer ehangiadol ymosodol, a'r unig ffordd i'w ffrwyno fyddai drwy wrthdaro ac ehangu enfawr ar allu milwrol America. Enillodd fuddugoliaeth glir yn etholiad arlywyddol 1980.

Gwirio gwybodaeth 48

Pam oedd détente wedi methu erbyn 1980?

Polisi Reagan at yr UGSS, 1981-89

Wrth ennill etholiad arlywyddol 1980 roedd gwrth-gomiwnydd ceidwadol wedi dod i'r Tŷ Gwyn sef Reagan. Roedd Reagan yn credu'n gryf y dylai UDA nid yn unig adeiladu ei grym milwrol ac economaidd ond hefyd wthio dylanwad yr Undeb Sofietaidd yn y byd yn ôl drwy gynyddu'r pwysau arni gartref.

Athrawiaeth Reagan

Mynegwyd y polisi hwn yng Ngorchymyn Penderfyniad Diogelwch Cenedlaethol (*NSDD*) 75, a gyhoeddwyd yn 1983 ac a elwir weithiau'n Athrawiaeth Reagan. Er bod llawer yn gweld y polisi digyfaddawd hwn fel ffordd fwriadol i ddwysau'r Rhyfel Oer, rhoddwyd llai o sylw i gred yr arlywydd y gallai UDA drafod diarfogi niwclear unwaith y byddai mewn sefyllfa gref, gan ddatrys unrhyw anghydfod arall gyda'r UGSS.

Polisi digyfaddawd Reagan at yr UGSS 1981–83

Datgelwyd polisi digyfaddawd Reagan at yr UGSS yn fuan.

- Condemniodd yr Undeb Sofietaidd fel 'ymerodraeth ddieflig' mewn araith ym mis Mawrth 1983.
- Darparwyd rhaglen enfawr o gymorth milwrol i Pacistan gan ei bod yn ffinio ag Afghanistan, a chefnogodd Reagan hefyd y rebeliaid **Mujahedeen** Islamaidd yn Afghanistan.
- Gosodwyd sancsiynau economaidd yn erbyn yr UGSS pan gyhoeddwyd rheolaeth filwrol yng Ngwlad Pwyl ym mis Rhagfyr 1981 i roi pwysau ar yr undeb llafur anghytunol, Solidarnosc.
- Cafodd lluoedd gwrth-gomiwnyddol yn Nicaragua ac El Salvador gymorth, er gwaethaf adroddiadau gan y CU am erchyllterau a cham-drin hawliau dynol.
- Cyhoeddwyd ehangu enfawr yn y gyllideb amddiffyn, un o'r rhaglenni milwrol mwyaf mewn cyfnod o heddwch yn hanes UDA. Rhaglen bum mlynedd oedd hon gyda tharged o $1.6 triliwn, yn cynnwys datblygu'r awyren fomio lechwraidd, taflegryn MX soffistigedig, llongau tanfor Trident a chynnydd o 33% ym maint llynges UDA. Daeth y cyhoeddiad mwyaf rhyfeddol ym mis Mawrth 1983 gyda'r Fenter Amddiffyn Strategol (SDI) y rhoddwyd iddi'r llysenw 'Star Wars'. Roedd hon yn rhagweld tarian taflegrau amddiffynol a allai ryng-gipio a dinistrio unrhyw daflegrau oedd yn dod tuag ati. Er bod rhywfaint o amheuaeth ar y dechrau ymhlith arbenigwyr ynglŷn â dichonoldeb y project, roedd arweinwyr yr UGSS yn credu bod UDA yn cynllunio'r **gallu i ergydio'n gyntaf** mewn ymdrech i sicrhau bod modd ennill rhyfel niwclear.
- Roedd Reagan hefyd yn gefnogol iawn pan osododd NATO daflegrau Pershing II yn Ewrop i wrthbwyso SS20au'r Sofietiaid. Cafwyd gwrthdystiadau enfawr yng ngorllewin Ewrop yn erbyn y lleoli, gan adlewyrchu ofnau cynyddol am ryfel niwclear mewn awyrgylch o densiwn cynyddol rhwng UDA a'r UGSS.
- Ym mis Medi 1983 gwaethygodd y berthynas yn fwy nag erioed pan saethodd amddiffynfeydd awyr y Sofietaidd awyren o Korea (KAL) oedd wedi crwydro i ofod awyr Rwsia.

Newid polisi o 1984

Roedd yr ymagwedd galed oedd yn nodweddu blynyddoedd cynnar arlywyddiaeth Reagan wedi newid erbyn 1984. Roedd nifer o resymau am hyn:

- Ym mis Tachwedd 1983 cafodd Reagan yn bersonol fraw gyda'r adroddiadau bod yr UGSS wedi gosod ei lluoedd niwclear ar wyliadwriaeth uchel yn ystod ymarfer gan NATO yn Ewrop (Able Archer). Roedd y Rwsiaid yn credu ei fod yn baratoad at ymosod. Byddai Reagan wedi cael mwy fyth o fraw pe bai'n gwybod am ddigwyddiad ar 26 Medi 1983 pan daniodd cyfrifiadur diffygiol larwm ICBM mewn canolfan rhybudd cynnar Sofietaidd. Mae'n debyg i'r ffaith i'r Cyrnol Petrov wirio eto cyn trosglwyddo'r rhybudd olygu bod trychineb niwclear wedi'i osgoi.
- Mewn araith ym mis Ionawr 1984 nododd Reagan ei fod yn fodlon meithrin perthynas fwy adeiladol gyda'r UGSS. Ychydig o dystiolaeth sydd ar gael i ddangos bod gweinyddiaeth Reagan wedi mynd ati'n fwriadol i wneud yr UGSS yn fethdalwr gyda'i strategaeth amddiffyn - y flaenoriaeth oedd gwarchod UDA.
- Roedd newidiadau cyflym wedi bod yn arweinyddiaeth yr UGSS. Wedi marwolaeth Brezhnev yn 1982, ni pharodd dau olynydd bregus, Andropov (1982–84) a Chernenko (1984–85), yn hir iawn. Roedd penodiad Mikhail Gorbachev yn 1985 yn

Mujahedeen Ymladdwyr gerila Islamaidd oedd yn ymladd yn erbyn y fyddin Sofietaidd yn Afghanistan, 1979–80.

Y gallu i ergydio'n gyntaf Y gallu i lansio ymosodiad niwclear enfawr ar bŵer arall cyn i hwnnw allu taro'n ôl.

Gwirio gwybodaeth 49

Beth oedd prif nodweddion polisi Reagan at yr UGSS hyd at 1984?

hollbwysig i ddod â'r Rhyfel Oer i ben. Dechreuodd Gorbachev ar agenda o ddiwygio a alwyd yn *glasnost* (bod yn agored) a *perestroika* (ailstrwythuro). Ei fwriad oedd diogelu comiwnyddiaeth drwy ddiwygiadau, adfywio economi oedd yn ddisymud a lleihau gwariant eithafol ar y lluoedd arfog. Roedd hefyd yn bwriadu dod â'r feddiannaeth Sofietaidd i ben yn Afghanistan. Roedd Gorbachev yn ymddangos yn fodlon ac yn abl i ddechrau ar ymagwedd newydd at y berthynas gydag UDA.

Cytunodd Reagan a Gorbachev i gynnal uwchgyfarfodyddau yn Genefa ym mis Tachwedd 1985 ac yn Reykjavik ym mis Hydref 1986. Aeth y trafodaethau ymhellach na'r hyn roedd eu cynghorwyr wedi'i ddisgwyl, gyda siarad am leihad mawr yn y nifer o arfau niwclear. Roedd y ddau arweinydd yn cydweithio'n dda.

Diwedd y Rhyfel Oer?

Galluogodd ymweliad Reagan â Berlin ym mis Mehefin 1987 iddo sgorio ergyd bropaganda gydag araith yn annog Gorbachev i 'chwalu'r wal'. Roedd yn arwydd nad lleihau arfau oedd unig nod polisi UDA.

Cyfarfu'r ddau arweinydd eto yn Washington ym mis Rhagfyr 1987 a'r tro hwn dileodd y Cytundeb Grym Niwclear Canolradd (INF) y Pershing II a'r SS20, y tro cyntaf i ddosbarth cyfan o systemau arfau gael eu terfynu. Cadarnhawyd y Cytundeb INF gan Senedd UDA.

Yn ystod trafodaethau pellach ym Moscow ym mis Mai 1988 aeth Reagan a Gorbachev am dro hynod symbolaidd gyda'i gilydd yn y Sgwâr Coch. Doedd dim amheuaeth fod y berthynas rhwng UDA a'r UGSS wedi'i thrawsnewid yn llwyr:

- Yn ôl rhai roedd yr ehangu enfawr ar bŵer milwrol UDA dan Reagan wedi gorfodi'r Undeb Sofietaidd i ddinistrio ei heconomi er mwyn gallu cystadlu. Mae eraill wedi dadlau bod y rhethreg galed a'r gwariant milwrol gormodol wedi oedi'r trafodaethau, gan ddychryn yr Undeb Sofietaidd a bwydo ei meddylfryd amddiffynol fel y gwelwyd gyda thrychineb KAL. Honnodd cyfaill a chyngheiriad Reagan **Margaret Thatcher** ei fod wedi ennill y Rhyfel Oer 'heb danio'r un ergyd'.

- Creodd parodrwydd Gorbachev i roi'r gorau i'r Rhyfel Oer a dechrau ar ddiwygiadau mewnol yn yr UGSS awyrgylch gwahanol a chyflymu'r broses, ond mewn gwirionedd penderfynodd Reagan feddalu ei rethreg Rhyfel Oer cyn penodiad Gorbachev.

- Manteisiodd Reagan ar y cyfle a gyflwynwyd gan Gorbachev a dangosodd ei fod yn drafodwr hyblyg ar ôl y cychwyn sigledig yn 1985–86.

- Roedd gan y ddau arweinydd gynorthwywyr abl ac ymroddgar oedd o gymorth mawr. Roedd gan George Shultz, ysgrifennydd gwladol Reagan ac Edward Shevardnadze, gweinidog tramor Gorbachev ill dau'r gallu i ffurfio perthnasoedd cynhyrchiol a thrafod cytundebau arfau cymhleth.

Effaith cwymp comiwnyddiaeth ar bolisi tramor America 1989–91

Cwymp comiwnyddiaeth

Ddechrau 1989 gorchmynodd Gorbachev dynnu milwyr Sofietaidd yn ôl o Afghanistan: roedd eu diffyg llwyddiant a'r costau cynyddol yn golygu bod presenoldeb y Sofietiaid yn anghynaladwy. Symudodd pethau'n gyflym nawr gan greu dryswch: ym mis Gorffennaf 1989, mewn araith yn Strasbourg, ymwrthododd Gorbachev ag Athrawiaeth Brezhnev. Ni fyddai'r Undeb Sofietaidd bellach yn defnyddio grym i gadw rheolaeth dros ddwyrain Ewrop. Chwalodd cyfundrefnau comiwnyddol dwyrain Ewrop.

Gwirio gwybodaeth 50

Pam newidiodd polisi Reagan at yr UGSS ar ôl 1984?

Margaret Thatcher Prif Weinidog Ceidwadol Prydain, 1979–90.

Gwirio gwybodaeth 51

Pa gamau a gymerwyd rhwng 1984 a 1988 i leihau tensiynau'r Rhyfel Oer?

Athrawiaeth Brezhnev Mynnodd Leonid Brezhnev, arweinydd yr UGSS, 1964–82, hawl yr Undeb Sofietaidd i ymyrryd ym materion gwledydd comiwnyddol er mwyn diogelu comiwnyddiaeth.

Yng Ngwlad Pwyl, caniatawyd i **Solidarnosc** sefyll mewn etholiadau ac ym mis Awst 1989 penodwyd prif weinidog nad oedd yn gomiwnydd. Ymddangosodd llywodraeth newydd yn Hwngari, ac yn Nwyrain yr Almaen cwympodd y llywodraeth gomiwynyddol.

Bu torfeydd enfawr o bobl Dwyrain Berlin yn gwrthdystio ger Wal Berlin ac ym mis Tachwedd 1989 agorwyd y rhwystrau gan warchodwyr y ffin. Roedd Wal Berlin, symbol pwerus o'r Rhyfel Oer, bellach wedi'i chwalu wrth i 3 miliwn o bobl Dwyrain yr Almaen ymweld â Gorllewin Berlin. Etholwyd yr awdur anghydffurfiol Vaclav Havel yn arlywydd Czechoslovakia a chafodd cyfundrefn Ceaușescu ei disodli gan wrthryfel poblogaidd yn Romania. Dienyddiwyd y teulu Ceaușescu Ddydd Nadolig 1989.

Yn yr Undeb Sofietaidd ei hun ni arweiniodd diwygiadau Gorbachev at y gwelliannau roedd wedi'u rhagweld i'r economi Sofietaidd. Yn lle hynny cafwyd anhrefn a dadrithiad. Torrodd gwladwriaethau'r Baltig yn rhydd, fel y gwnaeth llawer o weriniaethau'r Undeb Sofietaidd ar don o chwyldro cenedlaetholgar a anogwyd gan y digwyddiadau yn nwyrain Ewrop. Erbyn diwedd 1991 roedd nifer o wladwriaethau annibynnol wedi disodli'r UGSS, a'r mwyaf o'r rhain oedd Rwsia; roedd y Blaid Gomiwnyddol wedi'i diddymu ac roedd Gorbachev wedi ymddiswyddo.

Croesawodd arlywydd newydd UDA, George H Bush (1989-93) y digwyddiadau yn nwyrain Ewrop a'r UGSS yn ofalus:

- Ym mis Mehefin 1990 cafodd gyfarfod â Gorbachev yn Washington gan drafod toriadau mewn arfau cemegol a niwclear mewn cytundeb newydd, **START** I.
- Chwaraeodd diplomyddiaeth Americanaidd ran bwysig yn ailuno'r Almaen. Perswadiwyd Gorbachev anesmwyth ac arweinwyr gorllewinol llawn amheuaeth fel Margaret Thatcher a François Mitterrand gan weinyddiaeth Bush i gefnogi Almaen unedig. Erbyn mis Hydref 1990 roedd byddinoedd y meddiant wedi gadael ac unwyd yr Almaen dan arweinyddiaeth canghellor newydd, Helmut Kohl. Roedd un o broblemau mawr y Rhyfel Oer wedi'i datrys.

Goblygiadau cwymp comiwnyddiaeth

Arweiniodd cwymp comiwnyddiaeth at y canlynol:

- Yn 1990–91 creodd diwedd y Rhyfel Oer a datgymalu'r Undeb Sofietaidd yr hyn mae rhai pobl wedi'i ystyried yn 'foment unbegynnol', gan nad oedd gan UDA unrhyw gystadleuydd difrifol a doedd neb yn herio ei statws fel pŵer mawr economaidd a gwleidyddol.
- Er bod sefyllfa economaidd UDA yn dal i fod yn gryf iawn, yn yr 1980au ehangodd dyled UDA yn enfawr. Erbyn 1990 UDA oedd y genedl â'r ddyled fwyaf mewn hanes ac mewn tro eironig, ei chredydwyr mwyaf ar y pryd oedd yr Almaen a Japan. Gorllewin yr Almaen bellach oedd allforiwr nwyddau gweithgynhyrchu penna'r byd. Er hynny, roedd economi UDA yn dal i fod yn enfawr ac unwaith i weinyddiaethau Bush a Clinton (1989-2001) reoli a dileu'r ddyled ffederal, economi UDA oedd y mwyaf yn y byd o hyd yn 2000.

Solidarnosc Mudiad undeb llafur annibynnol Gwlad Pwyl.

START Trafodaethau/ Cytundeb Lleihau Arfau Strategol (*Strategic Arms Reduction Talks / Treaty*).

Gwirio gwybodaeth 52

Pa effaith gafodd cwymp comiwnyddiaeth ar bolisi tramor UDA?

Crynodeb

Pan fyddwch chi wedi cwblhau'r testun hwn dylai fod gennych wybodaeth a dealltwriaeth drylwyr yn y meysydd canlynol:

- methiant détente
- llwyddiannau a methiannau polisi tramor Reagan
- effaith cwymp comiwnyddiaeth ar bolisi tramor yr Unol Daleithiau

Cwestiynau ac Atebion

Mae'r adran hon yn cynnwys canllaw ar strwythur yr arholiad Safon Uwch Uned 3 Opsiwn 8 **Canrif yr Americanwyr, tua 1890–1990** ym manyleb CBAC, gydag esboniad o'r amcanion asesu a chanllaw i'r ffordd orau o rannu eich amser i gyd-fynd â'r dyraniadau marciau. Mae'n bwysig eich bod yn ymgyfarwyddo â strwythur yr arholiad a natur yr asesiadau. Ar ôl pob cwestiwn mae dau ateb. Mae ateb Myfyriwr A yn cynrychioli ateb lefel 5/4 (gradd A/B) gydag ateb Myfyriwr B yn cynrychioli ateb lefel 3/2 (gradd E/F). Caiff cryfderau a gwendidau pob ateb eu nodi yn y sylwebaeth.

Strwythur yr arholiad

Bydd dwy adran yn eich papur arholiad. Bydd **Adran A** yn trafod UN o'r ddwy thema a enwebwyd. Bydd dewis o un traethawd allan o ddau, gyda phob un yn cwmpasu cyfnod sy'n llai na 50 mlynedd, gan amlaf tua 20-40 o flynyddoedd. Bydd **Adran B** yn ymdrin â'r thema arall a enwebwyd. Bydd yn cynnwys traethawd gorfodol yn ymdrin â newid a pharhad dros gyfnod o 100 mlynedd. Astudiaeth eang yw hon felly bydd yn rhaid i'r ymgeiswyr ddadansoddi newid a pharhad a dangos eu bod yn deall y prif ddatblygiadau a throbwyntiau. Caiff pob cwestiwn ei farcio allan o 30. Cewch 1 awr 45 munud i gwblhau eich atebion.

Natur yr amcan asesu

Mae cwestiynau Adran A a B yn seiliedig ar AA1 yn llwyr. Mae disgwyl i chi wneud y canlynol:
- trefnu a chyfathrebu gwybodaeth a dealltwriaeth
- dadansoddi a gwerthuso'r nodweddion allweddol sy'n ymwneud â'r cyfnod a astudiwyd, gan ddod i farn y gallwch ei chyfiawnhau
- archwilio cysyniadau, fel bo'n berthnasol, yn ymwneud ag achos, canlyniad, newid, parhad, tebygrwydd, gwahaniaeth ac arwyddocâd.

Mae disgwyl i chi gynnig trafodaeth ar y cysyniad allweddol sy'n cael ei osod a dod i farn ar y term gwerthusol yn y cwestiwn. Mae disgwyl i chi drafod y cyfnod sy'n cael ei osod yn y cwestiwn. Yn Adran B, bydd y cyfnod hwn yn 100 mlynedd.

Amseru eich ateb

Mae'r canllaw hwn yn awgrymu eich bod yn rhannu eich amser yn gyfartal rhwng pob cwestiwn.

■ Adran A

Cwestiwn 1

I ba raddau ydych yn cytuno mai gwaith yr Arlywydd Johnson gafodd y dylanwad mwyaf arwyddocaol ar y broses o sicrhau hawliau sifil i Americanwyr Affricanaidd yn y cyfnod 1941-68?

(30 marc)

Myfyriwr A

Er bod llawer o ffactorau, yn amrywio o effaith yr Ail Ryfel Byd a gweithredoedd y Goruchaf Lys yn y 1950au i areithiau ac ymgyrchoedd ysbrydoledig Martin Luther King, wedi cael effaith ddofn ar ddatblygiad hawliau sifil yn y cyfnod hwn, byddwn yn cytuno mai Lyndon B. Johnson gafodd y dylanwad mwyaf arwyddocaol ar hawliau sifil i Americanwyr Affricanaidd. a Er bod ffactorau eraill o bosibl wedi ennill cefnogaeth a momentwm i'r frwydr dros hawliau sifil, heb alluoedd cyfreithiol a gwleidyddol Johnson, byddai llwyddiannau mwyaf arwyddocaol y mudiad, sef Deddfau Hawliau Sifil 1964 a 1965, wedi bod fwy neu lai'n amhosibl.

Er hynny, yn sicr cafodd nifer o ffactorau cynharach, fel effaith yr Ail Ryfel Byd, ddylanwad pwysig ar gyflawni hawliau sifil. O 1941 hyd at ddiwedd y rhyfel, chwaraeodd gweithwyr du ran hanfodol yn ymdrech y rhyfel, gyda'r bobl ddu yn ffurfio asgwrn cefn diwydiant rhyfel UDA a hefyd yn ymladd dramor. Mae'n bosibl fod yr hyder cynyddol a gafodd y gymuned ddu yn sgil hyn yn ffactor pwysig a wnaeth i'r bobl ddu deimlo bod ganddynt yr hawl i geisio rhagor o ddeddfwriaeth hawliau sifil. Ymhellach, efallai fod parodrwydd y bobl ddu i gynorthwyo ymdrech y rhyfel, yn ogystal â'r hiliaeth amlwg a ddangoswyd gan lywodraethau Japan a'r Almaen, wedi gwneud Americanwyr gwyn yn fwy parod i dderbyn hawliau sifil i'r bobl ddu. Fodd bynnag, mae'r diffyg cynnydd oedd yn rhwymo'n gyfreithiol yn sefyllfa pobl ddu UDA, heb unrhyw ddeddfwriaeth Goruchaf Lys yn ystod blynyddoedd y rhyfel, b ac ychydig yn unig o wella yn hawliau'r duon tan i Truman ddadwahanu Byddin UDA yn 1948, yn lleihau arwyddocâd yr Ail Ryfel Byd wrth gyflawni hawliau sifil. Gyda hyn mewn cof, mae dylanwad yr Ail Ryfel Byd ar hawliau sifil y duon i'w weld bron yn llwyr dan gysgod y cynnydd cyfreithiol effeithiol o ran hawliau sifil drwy gydol y 1950au a gweithredoedd Johnson a King yn y 1960au. c

Gellid dadlau mai'r datblygiad mawr cyntaf a gafodd ddylanwad mawr ar gyflawni hawliau sifil yn ystod y cyfnod oedd *Brown* v *Topeka* yn 1954. Mae hwn yn achos arwyddocaol gan mai dyma'r achos hawliau sifil llwyddiannus cyntaf i ddod gerbron y Goruchaf Lys ers 30 mlynedd. *Mae Brown* v *Topeka* hefyd yn arwyddocaol gan fod y ddeddfwriaeth i bob pwrpas wedi dinistrio pŵer de jure cyfreithiau Jim Crow yn ne'r Unol Daleithiau. Y cyfreithiau hyn oedd y ffactor mwyaf niweidiol i danseilio hawliau sifil ar draws y cyfnod, ac felly roedd eu dinistrio'n gyfreithiol gan *Brown* v *Topeka*, oedd yn ceisio dadwahanu system ysgolion UDA, heb amheuaeth yn ddylanwad pwysig ar gyflawni hawliau sifil. Fodd bynnag, fel y dengys y protestiadau eistedd yn 1960, lle roedd pobl ddu yn mynd i mewn i siopau oedd wedi'u harwahanu ar draws y de, ni chafodd deddfwriaeth *Brown* v *Topeka* fyth ei gorfodi ar draws UDA, ac ni fyddai'n bosibl gwneud hynny. Am y rheswm hwn, ni chafodd *Brown* v *Topeka* ddylanwad mawr ar sefyllfa de facto hawliau sifil, ac felly ni ellir ystyried iddo gael dylanwad mor arloesol ar gyflawni hawliau sifil â naill ai King na Johnson, yr oedd eu deddfau hawliau sifil yn llawer ehangach a mwy effeithiol wrth wella hawliau sifil. d

Gellir dadlau bod dylanwad King ar hawliau sifil yn fwy o lawer na'r ddau ffactor diwethaf oherwydd y ffordd roedd ei areithiau ysbrydoledig, fel araith 'Mae gen i freuddwyd' yn 1963, a'i ymgyrchoedd emosiynol di-drais, fel Selma yn 1965, yn sicrhau cefnogaeth pobl ddu a phobl wyn i'r frwydr dros hawliau sifil. Mae'r apêl dorfol hon yn elfen hanfodol o ddylanwad King gan mai fe oedd yr unigolyn cyntaf i ennill cydymdeimlad ac ymwybyddiaeth o anghyfiawnderau hawliau sifil yn erbyn pobl ddu yn fydeang, ac yn fwyaf pwysig, ymhlith pobl wyn gymedrol. Heb y golygfeydd arswydus wrth i brotestwyr du gael eu curo dan orchymyn comisiynydd yr heddlu, 'Bull' Connor yn 1963 yn ystod ymgyrch Birmingham ar y teledu, neu gefnogaeth enfawr 200,000 o bobl yn ystod yr orymdaith yn Washington, mae'n bosibl y byddai llawer o Americanwyr y gogledd yn fodlon anwybyddu'r anghyfiawnderau hawliau sifil oedd yn effeithio ar y de. Fodd bynnag, oherwydd tactegau a gallu areithio King roedd yn amhosibl anwybyddu'r mudiad hawliau sifil, gan greu amgylchedd oedd yn hanfodol i Johnson basio ei Ddeddfau Hawliau Sifil yn 1964, '65 a '68. Ond cafodd delwedd King yn y cyfryngau a'i barodrwydd i weithio gyda gweinyddiaeth Johnson effaith negyddol hefyd ar sicrhau hawliau sifil, drwy ddiarddel eithafwyr a grwpiau hawliau'r duon fel CORE ac ennyn beirniadaeth lem gan ffigurau dylanwadol fel Malcolm X. Mae'n bosibl felly bod methiant ymdrechion diweddarach King fel Gorymdaith Meredith yn 1968 a mudiad rhyddid Chicago wedi niweidio ei ddylanwad yn anuniongyrchol ar gyflawni hawliau sifil. Er bod modd dadlau mai King oedd un o'r bobl a gafodd y dylanwad mwyaf ar hawliau sifil yn ystod y cyfnod, byddwn i'n dadlau mai ei rôl yng nghwymp y mudiad hawliau sifil yw un o'r ychydig ffactorau sy'n awgrymu bod ei ddylanwad yn llai na dylanwad yr Arlywydd Johnson. e

Y prif reswm fodd bynnag y byddwn i'n cytuno mai Johnson gafodd y dylanwad pwysicaf ar gyflawni hawliau sifil yn y cyfnod yw, heb ffigur gyda sgiliau gwleidyddol Johnson a'i barodrwydd i dderbyn hawliau sifil fel arlywydd, ni fyddai Deddfau Hawliau Sifil 1964 a 1965 wedi'u pasio. Roedd Johnson yn gallu defnyddio ei gyfaredd ddeheuol a'r wybodaeth wleidyddol fanwl a gasglodd fel cyngreswr profiadol i argyhoeddi llawer o ffigurau, oedd yn amheus o King a'r mudiad hawliau sifil yn gyffredinol, i gefnogi'r ddeddfwriaeth. Doedd parodrwydd i weithio gydag ymgyrchwyr fel King ddim yn rhywbeth oedd wedi digwydd erioed o'r blaen ac roedd yr un mor hanfodol i ennyn cefnogaeth i'r Deddfau Hawliau Sifil a'u pasio. Nid yn unig y chwaraeodd Johnson ran bwysig, bragmataidd yn pasio'r ddeddfwriaeth hawliau sifil a phleidleisio fwyaf helaeth yn y cyfnod, ond roedd hefyd yr un mor effeithol â King yn ennyn cefnogaeth i hawliau sifil ymhlith pobl wyn, drwy droi dadl gyfreithiol ar hawliau sifil yn ddadl foesol, Gristnogol. Er bod ei lwyddiant fel dylanwad mawr ar gyflawni hawliau sifil wedi'i ddifetha a'i danseilio rywfaint gan fethiannau mewn meysydd eraill yn ei weinyddiaeth, byddwn yn dal i gytuno mai Johnson gafodd y dylanwad mwyaf ar hawliau sifil. f

Er bod effaith yr Ail Ryfel Byd a *Brown* v *Topeka* yn sbardunau pwysig ar gyfer y frwydr hawliau sifil, mae'n debyg mai King a Johnson gafodd yr effaith mwyaf ar hawliau sifil yn y cyfnod, gyda safle Johnson o rym a'i sgiliau gwleidyddol aruthrol yn golygu fy mod yn cytuno mai Johnson yn y pen draw gafodd y dylanwad mwyaf arwyddocaol ar hawliau sifil yn y cyfnod. g

ⓐ ⓐ Nid yw'n syniad da ateb y cwestiwn yn y cyflwyniad. Defnyddiwch y cyflwyniad i ddiffinio cysyniadau ac egluro sut y byddwch yn ymdrin â'r cwestiwn. ⓑ Nid yw'r Goruchaf Lys yn pasio deddfwriaeth: rôl y Gyngres yw hynny. ⓒ Fodd bynnag mae'r paragraff hwn yn ystyried dylanwad yr Ail Ryfel Byd yn effeithiol. ⓓ Mae'r paragraff hwn yn gwneud pwynt dilys am orfodaeth, ond mae'n dal i gamddeall rôl y Goruchaf Lys. ⓔ Ymdrech dda i gydbwyso'r ddadl ynghylch rôl Martin Luther King. ⓕ Mae hwn yn trafod rôl yr Arlywydd Johnson. ⓖ Mae'r farn yn gysylltiedig â'r dadleuon blaenorol.

Er bod peth camddeall ar rôl y Goruchaf Lys ac effaith dyfarniad Brown, ceir trafodaeth ar gysyniad dylanwad sylweddol a rôl yr Arlywydd Johnson a fyddai'n sicrhau marc lefel 5.

Myfyriwr B

Cafodd gwaith yr Arlywydd Johnson ddylanwad ar gyflawni Hawliau Sifil, ond nid o reidrwydd y mwyaf arwyddocaol. ⓐ Gellir dweud bod pasio ei Ddeddf Hawliau Sifil yn 1964 wedi newid y gêm i'r mudiad Hawliau Sifil ond ni fyddai hyn yn realiti heb y ffigurau arwyddocaol mawr eriall fel Martin Luther King a grwpiau fel y NAACP. Pasiodd arlywyddion eraill hefyd ddeddfau neu orchmynion gweithredol fel yr Arlywydd Kennedy.

Ar ôl yr Ail Ryfel Byd, ⓑ wynebai Americanwyr Affricanaidd ragfarn ym mhob rhan o'u bywydau. Heb fod yn fuan wedyn ymddangosodd ffigurau sylweddol a ddaeth â ffyrdd newydd i sicrhau cydraddoldeb i bob hil. Boicot Bws Montgomery yn dilyn gweithred Rosa Parks oedd y cam mawr cyntaf i'r cyfeiriad cywir gyda ffigurau fel King a Phwyllgor Arweinyddiaeth Cristnogion y De (SCLC). Daeth y boicot i ben gyda dadwahanu bysiau yn America. Roedd hwn yn gam da at gyflawni Hawliau Sifil ac yn fan cychwyn da i ffigurau fel King gael enw yn y mudiad. Pe bai King wedi gwneud enw iddo'i hun yn ddiweddarach yn y broses, fyddai hynny wedi bod yn rhy hwyr?

Hawliau sylfaenol oedd y nod i arweinwyr fel King. Roedd ei dactegau yn llai treisgar na llawer o arweinwyr a grwpiau eraill. Adlewyrchwyd ei dactegau yn rhesymu deddfwriaethol y NAACP yn y ffordd roedd yn heddychlon ac yn foesol yn hytrach na bod yn gorfforol ac ymosodol. Yn y ffordd hon ni fyddai'r mudiad yn rhoi rheswm am waith ymosodol ond byddai'n dal i feddu ar yr un effaith wrth symud ymlaen â mudiadau ymosodol. Gellir gweld bod technegau deddfwriaethol yn flaengar iawn yn achos *Brown* v *Bwrdd Addysg*. ⓒ Pennodd yr achos hwn ei bod yn anghywir arwahanu a gwahaniaethu yn y system addysg. Roedd hyn eto'n enghraifft o ddefnyddio dulliau heddychlon i ddadwahanu cymdeithas a sicrhau llwyddiant Hawliau Sifil. Fodd bynnag yn ôl y disgwyl cafwyd yr waith yn y De. Helpodd ymyrraeth yr arlywydd ⓓ a chefnogaeth i'r broses gyfreithol lwyddiant y mudiad; anfon milwyr i amddiffyn 'Naw *Little Rock*' wrth fynd i'r ysgol. Gellir gweld bod dulliau heddychlon a moesol yn ddylanwad mawr yma ar gyflawniad y mudiad drwy ddod a'r pŵer uchaf i ddiogelu nodau'r mudiad.

Caiff y tactegau heddychlon hyn eu gweld yn bennaf yn ymagwedd King at y mudiad gyda gweithgareddau fel protestiadau heddychlon, protestiadau eistedd ac areithiau cyhoeddus. Un dylanwad mawr, a'r mwyaf arwyddocaol

Cwestiynau ac Atebion

mae'n debyg oedd Haf Rhyddid 1964. Cynulliad o grwpiau Hawliau Sifil a phrotestiadau heddychlon oedd hwn a arweiniodd at basio Deddf Hawliau Sifil 1964. Mae hyn yn enghraifft o'r ffordd y gallai niferoedd mawr a chefnogaeth i'r mudiad dan reolaeth heddychlon ddod â llwyddiant sylweddol i'r mudiad. Mae'n rhaid mai'r cyfraniad mwyaf i'r mudiad Hawliau Sifil a'r mwyaf arwyddocaol oedd tactegau heddychlon King. Er mai rôl yr arlywyddion gafodd yr effaith mwyaf corfforol a dwfn, oni bai am dactegau ymosodol o heddychlon mudiad King, a fyddai'r Arlywyddion wedi dewis llwybr arall? e

a a Dylid nodi'r ateb i'r cwestiwn yn y casgliad yn hytrach na'r cyflwyniad, a ddylai ddiffinio cysyniadau a nodi sut y caiff y cwestiwn ei drafod. b Er ei fod yn cael ei grybwyll, ni chaiff dylanwad yr Ail Ryfel Byd ei asesu. c Achos llys oedd Brown, nid deddfwriaeth. d Pa arlywydd? Pryd? Ceir ymgais i lunio barn.

Nid yw hwn yn ateb cryf. Mae'n crybwyll yr Arlywydd Johnson yn fyr ond caiff elfen bwysig o'r cwestiwn ei hanwybyddu. Er ei fod yn ceisio dod i farn ar ddylanwadau eraill, mae'n wan ar drafod y cyfnod gydag asesiadau perthnasol o'r Ail Ryfel Byd ac gweithredoedd arlywyddol ar goll. Efallai y byddai'n ennill marc lefel 3 isel.

Cwestiwn 2

I ba raddau y gellir dweud mai imperialaeth oedd y prif ddylanwad ar bolisi tramor America yn y cyfnod 1890–1929?

(30 marc)

Myfyriwr A

Yn ystod y cyfnod 1890-1929 roedd polisi tramor UDA yn amlwg dan ddylanwad imperialaeth, nid lleiaf am fod cred y 19eg ganrif mewn Ffawd Amlwg a phresenoldeb Athrawiaeth Monroe 1823 wedi sbarduno America i ddefnyddio ei dylanwad wrth gaffael tiriogaeth newydd, a gan ddylanwadu ar ganlyniad y Rhyfel Byd Cyntaf a'r amrywiol heriau a godwyd yng Nghytundeb Versailles oedd yn gyson yn ystod y 1920au. Fodd bynnag, ceir llawer o ddadlau ai imperialaeth oedd y prif ddylanwad ar bolisi tramor America, yn enwedig wrth ystyried natur hollbresennol pryderon economaidd, barn y cyhoedd yn mynnu ymynysedd.

Yn wir gellir dadlau drwy gydol y cyfnod 1890-1929, bod imperialaeth yn sail ar gyfer polisi tramor America. Er enghraifft gellir ystyried ymwneud America â'r rhyfel rhwng Sbaen ac America yn 1898 fel arwydd clir bod America'n awyddus i sefydlu ei hawdurdod ar gyfandir America, yn unol ag Athrawiaeth Monroe 1823. Gwelir hyn ar ei fwyaf clir gyda phrynu'r Pilipinas am $20m drwy gytundeb Paris yn 1898, a thrwy wneud hynny amlygu cred America mewn Arfaeth Amlwg i ehangu ei sffêr o ddylanwad i'r Cefnfor Tawel. Ymhellach gellir gweld mai imperialaeth oedd prif ddylanwad polisi tramor America hyd yn oed wrth i'r cyfnod 1890-1929 fynd yn ei flaen gan fod 'diplomyddiaeth doler' yr Arlywydd Taft, b a gyflymwyd yn dilyn cwymp brenhinlin Manchu yn China yn 1911, yn arwydd clir o awydd America i fod yn bŵer imperialaidd ar lefel economaidd a masnach hyd yn oed yn Asia (i wrthbwyso esgyniad Japan fel cenedl ddiwydiannol).

Mae modd gweld hyd yn oed Gynhadledd Forwrol Washington yn 1922 a benderfynodd ar gymhareb o 5:5:3 (UD:y DU:Japan) i gyfyngu ar bŵer morwrol Japan fel ymdrech weithredol gan America i gryfhau ei sefyllfa fel pŵer milwrol imperialaidd er gwaethaf addewid yr Arlywydd Harding o 'ddychweliad at normalrwydd' (1920), gan danlinellu mai imperialaeth oedd y prif ddylanwad. **c**

Fodd bynnag mae modd tanseilio'r syniad bod polisi tramor America yn bennaf dan ddylanwad imperialaeth yn y cyfnod 1890-1929 yn ddifrifol wrth ystyried bod imperialaeth UDA yn aml yn cael ei rwystro gan y farn gyhoeddus gan ffurfio ymynysedd am lawer o'r cyfnod. Er enghraifft gellir awgrymu mai'r rheswm dros ddyfodiad hwyr America i'r Rhyfel Byd Cyntaf (1917) oedd bod y cyhoedd yn ffyrnig o blaid ymynysedd, fel y dangoswyd pan ffurfiwyd y Gynghrair Gwrth-Imperialaeth (1898) yn dilyn pwrcasu gorfodol y Pilipinas ac ethol Woodrow Wilson yn 1916 dan y slogan poblogaidd 'Fe'n cadwodd ni allan o'r rhyfel', gan danlinellu'r syniad perthnasol yn enwedig cyn y Rhyfel Byd Cyntaf mai'r farn gyhoeddus yn hytrach nag imperialaeth bur oedd yn dylanwadu fwyaf ar bolisi tramor America. Ar ben hyn mae modd gweld ideoleg ymynysedd America yn y ffaith i'r Senedd wrthod Cyfamod Cynghrair y Cenedloedd a luniwyd yn ofalus gan Woodrow Wilson (1919) a Chytundeb Versailles yn 1920, gan amlygu nad imperialaeth oedd y prif sbardun, fel y dangoswyd ymhellach gan Gytundeb Kellogg-Briand yn 1928 pan arweiniodd UDA 60 o genhedloedd eraill i lofnodi'n ideolegol a chondemnio rhyfel fel modd o ddatrys anghydfod. Wedi dweud hyn, mae'r ffaith fod America'n raddol yn chwarae rhan fwy gweithredol mewn materion byd-eang i gynnal diogelwch cyfunol yn dangos bod ffactorau eraill yn bwysicach nag imperialaeth. **d**

Eto, gellir dadlau mai pryderon economaidd oedd mewn gwirionedd yn llywio llanw a thrai polisi tramor America. Y cymhelliad clir dros gaffael Camlas Panama yn 1904 oedd yr awydd i fasnachu'n fwy effeithiol gan y byddai'n arbed 7,800 o filltiroedd ar daith o Efrog Newydd i San Francisco gan ddangos efallai mai ystyriaethau economaidd oedd y sbardun i America ddod yn fwy imperialaidd. Ymhellach, gellir honni bod ymyrraeth 'amharod' America yn y Rhyfel Byd Cyntaf yn symptomatig o'r ffaith ei bod wedi dod yn 'rhwym i undeb tyngedfennol o ryfel a llewyrch' (Hofstadter) gan fod dur UDA yn 1916 yn unig wedi gwneud elw o $348m a bod UDA wedi gwneud benthyciadau o $2bn i Brydain a Ffrainc diolch i Wilson yn codi'r gwaharddiad ar fenthyciadau i wledydd oedd yn rhyfela, gan ddangos unwaith eto bod UDA yn gorfod newid ei pholisi tramor oherwydd ffactorau economaidd yn hytrach na'r syniad o imperialaeth. Eto gellir addef o hyd bod polisi tramor America yn dal dan ddylanwad imperialaeth gan fod dylanwad economaidd cynyddol UDA ar lefel fyd-eang mewn rhai ffyrdd yn fodd i gynnal imperialaeth, fel ymdrechion Cynllun Dawes yn 1924 a Chynllun Young yn 1929 gan America i fod yn 'fanc y byd' drwy gynorthwyo'r Almaen yn economaidd. Gellir gweld felly mai sgil-gynnyrch nod mwy sylfaenol America o imperialaeth oedd y pryderon economaidd, gan brofi mai imperialaeth oedd y dylanwad mwyaf ar bolisi tramor America.

Fodd bynnag gallai fod yn rhagdybiaeth naïf i awgrymu bod polisi tramor America yn gwbl rydd yn ystod yr holl gyfnod 1890-1929 a'i fod dan ddylanwad rhesymau amgylchiadol y tu hwnt i reolaeth America. Yr hyn sy'n cefnogi hyn yn fwyaf argyhoeddiadol yw mynediad America i'r Rhyfel Byd Cyntaf. e

I gloi, er gwaethaf y ffaith fod America ar adegau'n ymddangos yn ymynysol oherwydd barn y cyhoedd, mae'n ymddangos bod ymdeimlad trechol bod polisi tramor America yn bennaf dan ddylanwad imperialaeth yn y cyfnod 1890-1929. Roedd y gred mewn Arfaeth Amlwg yn barhaus drwy ddylanwad cynyddol America mewn materion byd-eang drwy gaffael tiriogaeth newydd, a doedd pryderon economaidd yn ddim mwy na modd i brysuro America i ddod yn bŵer imperialaidd wrth iddi'n raddol dyfu i fod yn 'arweinydd y byd' ac yn bŵer economaidd arweiniol. Felly, mae'n ymddangos yn amlwg mai sbardun polisi tramor America oedd imperialaeth gan na fu America erioed yn wirioneddol ymynysol. g

a a Dylai'r cyflwyniad egluro'r gwahaniaeth rhwng y syniad o Ffawd Amlwg, oedd yn berthnasol i gyfandir Gogledd America, a chaffael tiriogaethau tramor. b Mae hwn yn gwneud cyswllt dilys gyda'r syniad o imperialaeth economaidd. c Byddai'n well dadlau ynghylch ystyriaethau strategol a lleihau gwariant ar gyllidebau milwrol. d Mae'r paragraff hwn yn trafod y cwestiwn ac yn cynnig tystiolaeth i gefnogi'r ddadl. e Mae hwn yn bwynt dilys ond mae angen ei ddatblygu drwy gyfeirio at ymyrraeth America ym Mexico, yr ymateb i ymgyrch llongau tanfor yr Almaen a thelegram Zimmerman. f Nid yw'r casgliad yn crynhoi'n gywir y ddadl ym mhrif gorff y traethawd. g Ond nid dyma brif bwynt y cwestiwn.

Roedd angen i'r cyflwyniad fod yn gliriach am y diffiniad o imperialaeth - rhaid diffinio'r cysyniad y tu ôl i'r cwestiwn ar y dechrau. Fodd bynnag, ceir trafodaeth yn yr ateb hwn hyd yn oed os nad yw wedi'i ddatblygu mewn mannau. Dylai'r casgliad gyd-fynd yn agosach â phrif ddadl y traethawd. Gan fod ymgais glir i ateb y cwestiwn, trafodaeth resymol o'r cyfnod a rhai sylwadau ystyrlon, byddai'n derbyn marc lefel 4 uchel.

Myfyriwr B

Tan 1890, roedd agwedd America at bolisi tramor yn cynnwys ychydig yn unig o ymyrraeth. Fodd bynnag, tua diwedd y 19eg ganrif, daeth America'n fwy gweithredol a bu'n ymwneud â llawer o ddigwyddiadau tramor. Roedd pwysau cynyddol i ehangu tiriogaeth a chadarnhau pŵer America. a

Fel cyn drefedigaeth Brydeinig, roedd America yn draddodiadol yn erbyn imperialaeth. Fodd bynnag, mae'n hawdd dadlau bod y newid mewn polisi tramor yn golygu newid agwedd hefyd. Oherwydd gweithredu tramor, enillodd America lawer o diriogaethau. Yn dilyn y rhyfel rhwng Sbaen ac America yn Cuba, enillodd America droedle yn Cuba ac roedd yn gallu dylanwadu ar gyfansoddiad newydd. Roedd llawer yn credu bod ffordd o fyw yr Americanwyr yn well, felly gellid ystyried hyn fel Americaneiddio Cuba. Arweiniodd hyn at gytundeb Paris oedd yn rhoi'r Pilipinas, Guam a Puerto Rico i America'n uniongyrchol, felly yn fwriadol neu beidio, dechreuodd America adeiladu ymerodraeth. Mae'n bosibl fod y newid polisi hwn yn codi o ofni ymerodraethau eraill, fel Prydain a'r Almaen, a bod America am gadarnhau ei statws. Erbyn 1929 America oedd yn berchen ar, neu roedd yn helpu i redeg, bron pob un o'r ynysoedd o'i chwmpas a llawer o

Asia. Pryd bynnag roedd America'n ymuno â gwrthdaro, roedd bob amser yn ymyrryd ac yn aml yn canolbwyntio ar genhedloedd bach yn mynnu annibyniaeth. Mewn rhai llefydd fel Venezuela, doedd America ddim yn berchen ar y tir yn uniongyrchol ond roedd yn helpu ei redeg, felly roedd ganddi ymerodraeth o ddylanwad. **b**

Fodd bynnag mewn llawer o achosion roedd America'n amddiffyn pobl frodorol neu'n diogelu gwerthoedd y Gorllewin. Yn Cuba a Venezuela, ymunodd yr Americanwyr i atal llywodraeth awtocrataidd a chyflwyno democratiaeth. Gellir gweld bod ymyrraeth Americanaidd ac unrhyw bresenoldeb tymor hir yn diogelu rhyddid a dewis, hyd yn oed os oedd hynny'n golygu defnyddio grym milwrol i sicrhau rhyddid. Roedden nhw hefyd yn ymyrryd i ddiogelu America ei hun, fel yn Cuba. Mae llawer yn dadlau na fyddai America wedi ymuno pe na bai Sbaen wedi suddo'r USS *Maine*. Yn yr un modd, yn y Rhyfel Byd Cyntaf cafwyd ymyrraeth gan America yn hwyr, oherwydd y sbardun ar gyfer ymuno oedd cyrchoedd gan longau tanfor yr Almaen a suddo'r *Lusitania* yn 1917. Yn y Rhyfel Byd Cyntaf, roedd America unwaith eto'n ystyried bod cyrchoedd yr Almaen yn ormesol a bod ganddyn nhw ddyletswydd moesol i warchod rhyddid. Defnyddiodd America bolisi tramor diffyndollaeth gan ddilyn ideoleg Roosevelt o ymyrryd pan oedd bygythiad difrifol yn codi. **c**

Ddechrau'r 1900au, ofnwyd y byddai economi America'n cwympo. Roedd polisi tramor yn adlewyrchu hyn, gan ddiogelu masnach a marchnadoedd cynyddol America. Yn Japan, ceisiodd America feithrin perthynas well gyda'r Llynges Fawr Wen. Roedd gwarchod Cuba'n diogelu masnach, gan fod 60% o allforion Cuba'n mynd i America. Ehangodd Gwelliant Platt lwybrau masnachu, gan roi gwell mynediad i Dde America ac Ynysoedd y Caribî. Cynorthwyodd America'r chwyldro yn Panama i sicrhau eu buddsoddiad blaenorol o $40 miliwn yn y gamlas, swm a fyddai'n rhy ddrud i'w golli. Yn ystod y Rhyfel Byd Cyntaf rhoddodd yr Americanwyr gymorth ariannol i'r ddwy ochr cyn ymuno. Pan ymunon nhw, ochron nhw gyda'r cenhedloedd roedden nhw wedi rhoi $27 miliwn o gymorth iddyn nhw er mwyn adfer eu harian. Mewn llawer achos, economi America oedd y flaenoriaeth bennaf. **d**

Roedd imperialaeth yn dylanwadu'n fawr ar bolisi tramor America, yn rhagrithiol yn nhermau imperialaeth Americanaidd a hefyd atal imperialaeth. Roedd America'n pryderu'n fawr am wella ei chysylltiadau tramor a sicrhau dylanwad. **e**

a **a** Cyflwyniad gwan nad yw'n diffinio termau nac yn esbonio sut y caiff y cysyniad allweddol ei drafod. **b** Ceir ymgais resymol i esbonio dylanwad imperialaeth. **c** Mae'r paragraff hwn yn awgrymu dadleuon eraill. **d** Peth anghywirdeb ynghylch y Llynges Fawr Wen a ffigurau'r Rhyfel Byd Cyntaf. **e** Casgliad sy'n gwrthddweud, sy'n annigonol ac felly sy'n annilys.

Mae'r ateb hwn yn dangos sut mae cyflwyniad a chasgliad gwael yn creu argraff wael. Ni chaiff y cysyniad allweddol ei ddiffinio, ac ni chaiff y dadleuon eu crynhoi. Ceir rhai cyfeiriadau dilys at y cwestiwn ond does dim trafodaeth ar Ffawd Amlwg nac ymynysedd. Nid yw'r ateb yn cwmpasu'r cyfnod cyfan y mae'r cwestiwn yn gofyn amdano - does dim llawer o drafod ar y cyfnod ar ôl y Rhyfel Byd Cyntaf. Fodd bynnag, byddai rhywfaint o gredyd yn cael ei roi am y cyfeiriadau dilys at y cwestiwn. Byddai hwn yn derbyn marc lefel 3 isel.

■Adran B

Cwestiwn 3

I ba raddau y gellir dadlau mai Athrawiaeth Truman oedd y trobwynt mwyaf arwyddocaol ym mholisi tramor UDA rhwng 1890 ac 1990?

(30 marc)

Myfyriwr A

Drwy gydol hanes America, mae haneswyr wedi trafod beth oedd y gwir 'drobwynt' ym mholisi tramor UDA yn ystod 1890-1990, gan droi'r genedl o fod yn genedl wledig neu amaethyddol hyd yn oed, yn bŵer mawr. Yn wir, nid oes modd gwadu arwyddocâd Athrawiaeth Truman fel trobwynt oherwydd yn ei sgil daeth oes lle mabwysiadodd America safle cadarn ar lwyfan y byd, a fyddai'n arwyddocaol yn y tymor hir a'r tymor byr. Yn wir, rhaid fodd bynnag i ni ddadansoddi ffactorau eraill wrth asesu beth oedd y trobwynt mwyaf arwyddocaol a'r graddau yr oedd Athrawiaeth Truman, oedd yn bolisi o ymrwymo America ar lwyfan y byd heb ffiniau cymorth geo-wleidyddol i ymladd a chyfyngu ar gomiwnyddiaeth, yn drobwynt. **a**

Roedd Athrawiaeth Truman yn 1947, ymrwymiad cadarn i amddiffyn ac ymladd y 'tueddiadau Sofietaidd ehangiadol' fel y nododd George Kennan, yn drobwynt arwyddocaol ym mholisi tramor UDA. O'i gymharu â'r datganiad cynharach am bolisi tramor America fel y'i diffiniwyd yn 'Athrawiaeth Monroe' yn 1823 gydag America'n datgan y byddai'n osgoi ymwneud â materion tramor er iddynt fod o fewn parth ei dylanwad, newidiwyd y polisi'n ddramatig gyda chyflwyno Athrawiaeth Truman. Yn wir, bwriad yr Arlywydd Truman oedd bod America nawr yn edrych y tu hwnt i'w ffiniau a'i pharthau dylanwad yn Athrawiaeth Monroe ac yn amddiffyn democratiaeth fel arsenal cyfalafiaeth a rhyddid; ni ellir gwadu cwmpas eang yr athrawiaeth wrth ystyried ei bod wedi dylanwadu ar bolisi tramor yn Awyrgludiad dilynol Berlin yn 1949 a Rhyfel Korea 1950-53, lle roedd polisi cyfyngiant o'r braidd wedi gweithio. Fodd bynnag caiff graddfa Athrawiaeth Truman fel y trobwynt pwysicaf ym mholisi tramor UDA ei thanseilio oherwydd newidiodd olynydd Truman, Eisenhower, a phensaer ei bolisi tramor John Foster Dulles, yr athrawiaeth o bolisi o gyfyngiant i daro'n ôl ar raddfa enfawr a dibynfentro. Er hynny, nid yw arwyddocâd Athrawiaeth Truman fel y trobwynt mwyaf pwysig yn cael ei danseilio'n ormodol gan fod modd gweld 'Polisi Golwg Newydd' Eisenhower o ymladd yn ôl ar raddfa enfawr fel estyniad o'r gem dibynfentro roedd Truman eisoes wedi'i chwarae yn ei athrawiaeth, gyda'r bygythiad o ollwng bom niwclear ar Korea yn 1952. **b**

Er hynny, rhaid datgan bod graddfa Athrawiaeth Truman fel y trobwynt mwyaf arwyddocaol yn cael ei thanseilio wrth ystyried bod America eisoes wedi gosod y seiliau ar gyfer ei sefydlu ei hun fel 'heddlu' i'r byd i gynnal democratiaethau, bod yn estyniad i Ganlyneb Roosevelt yn 1904, oedd yn amlwg yn natganiad blaenorol Roosevelt fod gan America ddyletswydd i ddod yn chwaraewr mawr ac yn ddylanwad ym materion y byd, felly caiff graddfa Athrawiaeth Truman ei chyfyngu gan y gellid dadlau ei bod yn estyniad o'r Ganlyneb y tu hwnt i America

Ladin. **c** Mewn cymhariaeth, ni ellir gwadu Athrawiaeth Truman o ran ei graddfa bwerus fel trobwynt mwyaf arwyddocaol polisi tramor UDA yn y tymor hir, gan ei bod wedi arwain at gadarnhau a chau'r 'llen haearn' ar draws Ewrop gyda'i hadduned i ymladd yn ffyrnig yn erbyn comiwnyddiaeth, gan ehangu'r bwlch ideolegol yn rhan olaf y ddegawd.

Yn wir, arweiniodd Athrawiaeth Truman hefyd at y trobwynt mwyaf arwyddocaol ym mholisi tramor UDA o safbwynt milwrol, gan ei bod yn ymrwymo lluoedd a milwyr yn frwd i faterion Ewropeaidd ac yn ddiweddarach i Asia i warchod ei buddiannau. Gosododd Athrawiaeth Truman gynsail ar gyfer hanner olaf yr 20fed ganrif gyda chynnydd Truman o 50% i'r lluoedd arfog yn rhan o'r athrawiaeth a gwreiddio adnoddau ychwanegol NSC-68 oedd yn cynnig cynyddu gwariant ar amddiffyn o $13 biliwn i $45 biliwn y flwyddyn, ac yn olaf roedd yr athrawiaeth yn ymrwymo America yn gadarn i amddiffyn unrhyw wlad oedd dan fygythiad comiwnyddiaeth, oedd yn amlwg yn drobwynt gydag America'n cynyddu ei harfau niwclear yn helaeth, gan sbarduno'r ras arfau, a chadarnhau graddfa pwysigrwydd yr athrawiaeth yn y tymor hir fel trobwynt. Dilynodd arlywyddion olynol y cynsail a'r sbardun a osodwyd gan Athrawiaeth Truman yn nhermau'r ras arfau, a welwyd yn fwyaf clir yn ymagwedd Reagan yn y 1980au gyda'i gynllun SDI werth $1.2 triliwn dros 5 mlynedd er mwyn ennill a datblygu arsenal milwrol niwclear gwell na'r UGSS. **d**

Fodd bynnag caiff arwyddocâd Athrawiaeth Truman yn filwrol ei danseilio gan gomisiwn FDR, Project Manhattan. Gellir dadlau mai hwn yw gwir drobwynt ymagwedd polisi tramor UDA drwy bwysleisio arwyddocâd FDR yn arwain America i ymuno â'r Ail Ryfel Byd, ymrwymo milwyr yn Ewrop a sefydlu seiliau ymagwedd ryngwladolaidd ar gyfer y ddegawd nesaf, wrth i America ddiosg ei chot ymynysol ddethol a gwneud cyfraniad mawr i fuddugoliaeth y Cynghreiriaid yn filwrol. Yn wir, gellid mynd mor bell â dadlau nad oedd Athrawiaeth Truman yn drobwynt fel y caiff ei hystyried wrth ymrwymo milwyr ym materion y byd oherwydd gellid olrhain sylfeini trobwynt mewn polisi tramor i ymrwymiad America yn ystod y rhyfel rhwng Sbaen ac America yn 1898 pan ymddangosodd fel pŵer milwrol gyda'r llynges ail fwyaf yn y byd. **e**

Fodd bynnag gellir gweld graddfa Athrawiaeth Truman fel trobwynt ym mholisi tramor UDA yn amlwg yn y ffordd y cofleidiodd y farn gyhoeddus America fel chwaraewr byd-eang, gyda mwyafrif llethol yn cytuno gydag Athrawiaeth Truman i ymladd a chyfyngu ar gomiwnyddiaeth. Caiff arwyddocâd Athrawiaeth Truman fel trobwynt ei gyfyngu gan ymagwedd lai ymosodol, gymodlon Athrawiaeth Nixon oedd yn galw ar gynghreiriaid America i gymryd mwy o ofal o'u hamddiffynfa eu hunain. Gyda methiant rhyfel Viet Nam roedd Athrawiaeth Truman yn deilchion gyda barn y cyhoedd yn America'n cefnogi polisi détente ar ôl yr erchyllderau a'r dinistr a achoswyd gan y polisi cyfyngiant.

Rheswm arall i ystyried Athrawiaeth Truman fel y trobwynt mwyaf pwysig yw Cynllun Marshall oedd yn rhoi $12 biliwn o gymorth i un ar bymtheg o wledydd mewn pedair blynedd, a alwyd yn un o'r ymdrechion pwysicaf a mwyaf cadarnhaol yn y cyfnod ar ôl y rhyfel. Caiff hyn ei danseilio wrth ystyried rôl America fel banciwr y byd yn ystod y 1920au yn rhoi cymorth i ddemocratiaethau fel y gwelir yng nghynlluniau Dawes ac Young yn 1924 a 1929. Fodd bynnag gellir gweld Athrawiaeth Truman fel tystiolaeth gref o roi holl ymrwymiadau economaidd America i'r frwydr fyd-eang yn erbyn comiwnyddiaeth, brwydr y cydiodd gweinyddiaeth Reagan ynddi ac un o'r rhesymau dros gwymp yr UGSS a diweddu'r Rhyfel Oer gan fod America yn amlwg ben ac ysgwydd uwchlaw economi ddirywiol yr UGSS farwaidd. ⓕ

I gloi, nid oes modd gwadu graddfa Athrawiaeth Truman fel y trobwynt mwyaf arwyddocaol ym mholisi tramor UDA yn y tymor hir a'r tymor byr. Arweiniodd America'n gryf i'r frwydr yn erbyn comiwnyddiaeth yn ystod y Rhyfel Oer ac fel pŵer mawr. Yn y tymor hir arweiniodd America i ryfel nad oedd modd ei ennill yn Viet Nam a niweidiodd enw da America. Fodd bynnag nodweddodd yr Athrawiaeth hanner olaf yr ugeinfed ganrif ac felly nid oes modd ei gwadu fel y trobwynt mwyaf arwyddocaol, yn dylanwadu ac yn siapio polisi tramor America tan ddiwedd y 1980au. Ar y dechrau roedd UDA wedi'i dal yn hysteria gwrth-gomiwynyddol McCarthyaeth.

Ni chafodd polisïau eraill fel Wilsoniaeth yr un dylanwad ac fe'u gwrthodwyd yn llwyr gan y don o ymynysedd ar ôl y Rhyfel Byd 1af. Ond gellir dadlau bod ymrwymiad America i faterion byd-eang wedi'i greu gan brofiad y ddau ryfel byd oedd wedi gosod sylfeini goruchafiaeth filwrol ac economaidd America a bod hyn wedi profi'n hanfodol wrth roi Athrawiaeth Truman ar waith. ⓖ

ⓐ ⓐ Mae'r cyflwyniad hwn yn ceisio diffinio Athrawiaeth Truman ond mae angen i'r frawddeg olaf fod yn gliriach ei mynegiant. ⓑ Mae'r paragraff hwn yn ceisio asesu pwysigrwydd Athrawiaeth Truman fel trobwynt. ⓒ Roedd Canlyneb Roosevelt yn estyniad o Athrawiaeth Monroe. Mae'r paragraff hwn yn gorbwysleisio ei phwysgrwydd. ⓓ Cryfder y paragraff hwn yw'r parodrwydd i drafod arwyddocâd tymor hirach Athrawiaeth Truman. Mae hyn yn cydbwyso'r ddadl drwy asesu arwyddocâd ffactorau ar wahân i Athrawiaeth Truman. Nid dyma oedd y llynges ail fwyaf yn y byd ar y pwynt hwnnw: llynges yr Almaen oedd honno. ⓕ Er bod rhai pwyntiau dilys yma, nid yw'r paragraff wedi'i osod yn dda ac mae'n darllen fel ôl-ystyriaeth. ⓖ Mae'r casgliad hwn yn crynhoi'r ddadl.

Ceir ateb i'r cwestiwn a osodwyd gyda thrafodaeth dda ar y cyfnod a gallu i ddefnyddio tystiolaeth briodol. Ceir ambell nam ond mae'n cyflawni lefel 5 uchel.

Myfyriwr B

Gellir dadlau mai Athrawiaeth Truman oedd y trobwynt mwyaf arwyddocaol ym mholisi tramor UDA rhwng 1890 ac 1990. Ond rwyf i wedi casglu nad Athrawiaeth Truman oedd y trobwynt mwyaf arwyddocaol o ran polisi tramor. Oherwydd y ffaith fod llawer o ffactorau eraill y gellid eu hystyried yn fwy arwyddocaol. ⓐ

1898 oedd y rhyfel rhwng Sbaen ac America. Rhyfel a dynnodd America allan o'i hymynysedd a'i lansio i mewn i faterion tramor. Cyn y rhyfel rhwng Sbaen ac America, roedd America wedi'i gwahanu oddi wrth y rhyfel yn llwyr. Mae hyn yn dangos yn glir bod y rhyfel rhwng Sbaen ac America yn fwy arwyddocaol nag Athrawiaeth Truman fel trobwynt polisi tramor. ⓑ

Roedd cyfeddiant Hawaii (1898) yn drobwynt arwyddocaol ym mholisi tramor America gan fod America wedi ehangu ei thiriogaeth ac yn rheoli Hawaii yn llwyr. Porthladdoedd, busnesau, adeiladau ac eiddo cyhoeddus. Drwy gyfeddiant Hawaii a gwledydd eraill oedd wedi'u 'tan-ddatblygu' roedd America'n gallu ehangu ei hymerodraeth. Mae hyn yn dangos yn glir bod cyfeddiant Hawaii a gwledydd eraill yn drobwynt mwy arwyddocaol nag Athrawiaeth Truman. **c**

Pan ymunodd America â'r Rhyfel Byd Cyntaf yn 1917 creodd drobwynt arwyddocaol ym mholisi tramor UDA. Ymunodd America â'r Cynghreiriaid yn y rhyfel gyda digon o arfau - oedd yn eu galluogi ac yn eu helpu i ennill y rhyfel. Roedd UDA yn edrych fel arwr, pŵer mawr. Roedd hyn yn arwyddocaol o ran polisi tramor gan fod ganddynt nawr enw da ac awdurdod newydd. Felly mae hyn yn drobwynt mwy arwyddocaol mewn polisi tramor nag Athrawiaeth Truman. **d**

Gellid ystyried yr 2il Ryfel Byd (1939-1941) hefyd yn drobwynt ym mholisi tramor UDA. Cyn y rhyfel llofnododd Roosevelt y Deddfau Niwtraliaeth i'w cadw wedi'u hynysu o'r rhyfel. Fodd bynnag yn dilyn yr ymosodiad ar Pearl Harbour ac America'n ymuno â'r rhyfel yn 1941 roedd yn drobwynt arwyddocaol i America gan eu bod wedi cefnu ar eu polisïau blaenorol ac ymuno â'r rhyfel. Mae'r trobwynt hwn yn fwy arwyddocaol nag Athrawiaeth Truman oherwydd bod UDA wedi dod allan o'u hymynysedd a throi cefn ar eu polisïau blaenorol. **e**

Oedd roedd Athrawiaeth Truman yn drobwynt arwyddocaol yn y polisi tramor ond nid oedd mor arwyddocaol â'r Rhyfel Oer (1945-1990). Roedd y Rhyfel Oer yn drobwynt arwyddocaol mewn materion tramor. Gan fod llawer o genhedloedd wedi cytuno i beidio â defnyddio rhyfel fel ffordd i ddatrys gwrthdaro. Gan gynnwys America oedd yn credu hyn yn gryf. Felly roedd y Rhyfel Oer yn drobwynt i bolisi tramor America gan na ddefnyddiodd y naill wlad na'r llall drais na rhyfel i ddatrys eu gwrthdaro - trobwynt cadarnhaol i bolisi tramor America. **f**

I gloi gellid dweud nad oedd Athrawiaeth Truman yn drobwynt arwyddocaol ym mholisi tramor America gan fod ffactorau eraill fel y Rhyfel Byd 1af a'r 2il yn fwy arwyddocaol. **g**

ⓐ **a** Nid yw ateb y cwestiwn yn y cyflwyniad yn strategaeth dda. **b** Dim cefnogaeth dda. **c** Mae angen esboniad pam fod hwn yn bwysig fel trobwynt. **d** Pwynt dilys yma ond eto prin yw'r dystiolaeth gefnogol. **e** Dadl ddilys ond dim cefnogaeth. **f** Mae hyn yn camddeall y Rhyfel Oer. **g** Mae'n rhoi barn heb unrhyw ymgais i'w chyfiawnhau.

Ateb gwan. Nid yw'r cyflwyniad na'r casgliad yn ddilys. Mae rhai syniadau am drobwyntiau eraill ond nid ydynt yn cael eu hasesu gyda thystiolaeth. Ateb Lefel 2.

Atebion gwirio gwybodaeth

1 Dadryddfreinio, penderfyniadau'r Goruchaf Lys *Plessy* a *Mississippi*, cyfreithiau arwahanu, trais hiliol a lynsio.

2 Colli cefnogaeth y Gweriniaethwyr, penderfyniadau'r Goruchaf Lys, diffyg gweithredu ffederal, pryder y gwynion ar ôl dileu caethwasiaeth.

3 Pwyslais ar enillion economaidd a graddoliaeth yn erbyn gweithredu ar unwaith ar anghydraddoldeb gwleidyddol a chymdeithasol.

4 Ymwybyddiaeth gyhoeddus ond methu â chyflawni deddfwriaeth, gweithredu'r *NAACP* yn y llys e.e. achos cymalau 'taid' 1915.

5 Cyflogau uwch a gwell cyfleoedd economaidd yn y gogledd, natur fregus cnydau'r de, effaith y rhyfel, dianc rhag ddeddfau Jim Crow a lynsio, rhwydweithiau Americanaidd Affricanaidd.

6 Cadarnhaol: gweithredoedd *NAACP*, galw am lafur rhad yn y gogledd, poblogrwydd syniadau Marcus Garvey, effaith diwylliannol. Negyddol: getos, gelyniaeth hiliol, adfywio'r *KKK*, parhad stereoteipiau hiliol mewn diwylliant.

7 Diweithdra uwch ymhlith Americanwyr Affricanaidd, cynnydd o ran gwahaniaethu mewn cyflogaeth, arwahanu mewn dinasoedd yn y gogledd.

8 Negyddol: effaith Deddf *AAA*, tâl anghyfartal a chyfleusterau wedi'u harwahanu. Cadarnhaol: rhaglenni lliniaru ffederal, tai ffederal, buddsoddi mewn addysg ac iechyd, swyddi yn y llywodraeth ffederal, arwyddion symbolaidd o Dŷ Gwyn Roosevelt.

9 Arferion Cyflogaeth, Gorchymyn Gweithredol 8802, V Dwbl, gweithredoedd *CORE/NAACP*, trais hiliol.

10 Mwy o unedau ymladd, cynnydd bach yn erbyn arwahanu erbyn 1944–45, budd-daliadau GI, codi disgwyliadau.

11 Hwb i ddadwahanu, gwrthwynebiad yn y de, rhwystro gwleidyddol yn y Gyngres, mater gorfodaeth e.e. Little Rock 1957.

12 Effeithiolrwydd boicotio, tactegau di-drais, rhwydweithiau eglwysi, ymddangosiad Martin Luther King.

13 SNCC, Teithwyr Rhyddid, James Meredith, Martin Luther King a Birmingham, Alabama, a'r Orymdaith ar Washington 1963.

14 Cryfder y mudiad hawliau sifil, pwysau rhyngwladol, profiad o weithredu ffederal yn 1962 a 1963, ymateb i adroddiadau'r cyfryngau am y digwyddiadau yn Birmingham, Alabama.

15 Gweithredoedd arlywyddol, profiad ac arbenigedd gwleidyddol, ymrwymiad personol, menter bersonol ar ôl Selma.

16 Y ddeddfwriaeth hawliau sifil mwyaf cynhwysfawr eto, gweithredu ffederal a rheoli gweithredoedd y wladwriaeth. Dileu profion pleidleisio gwahaniaethol a hwb i gofrestru pleidleiswyr.

17 Enw da cenedlaethol a rhyngwladol, enillydd Gwobr Nobel, rhan ganolog ym mhrotestiadau 1955–65, methiannau yn Albany a Chicago, rhaniadau yn y mudiad, radicaliaeth gynyddol 1967–68 yn colli cefnogaeth y gwynion.

18 Diffyg amynedd gyda thactegau Martin Luther King, gwrthwynebu integreiddio, syniadau o oruchafiaeth y bobl ddu, darnio'r mudiad hawliau sifil, tactegau gweithredu uniongyrchol, ymwahaniaeth.

19 Triniaeth ffafriol i leiafrifoedd, gwahaniaethu o chwith, amhoblogrwydd gyda gweithwyr coler gwyn a glas, ymateb ceidwadol yn y 1970au a'r 1980au.

20 Gwrthwynebiad rhieni, gwynion yn ffoi, gwrthwynebiad gwleidyddol, penderfyniad *Milliken*.

21 Gostyngiadau mewn rhaglenni ffederal, penodiadau ceidwadol i'r farnwriaeth, gelyniaeth at ddeddfwriaeth hawliau sifil, economeg cyflenwi - gostyngiadau treth.

22 Datgymalu deddfau Jim Crow, twf economaidd yn nhaleithiau'r de, cynnydd gwleidyddol yn ninasoedd y de.

23 Gwelliannau: cynnydd gwleidyddol, gweithredu cadarnhaol, lleihau'r bwlch incwm. Heb eu datrys: getos, rhagolygon addysgol gwaeth, cyfraddau troseddu uchel, anghydraddoldeb cymdeithasol ac economaidd parhaus.

24 Athrawiaeth Monroe, Arfaeth Amlwg, twf economaidd a masnachol, imperialaeth, Darwiniaeth gymdeithasol.

25 Gwrthryfel Cuba, USS *Maine*, ymgyrch y wasg, caffael tiriogaeth, dylanwad yn y Caribï, balchder cenedlaethol, trafodaeth ar imperialaeth.

26 Camlas Panama, Canlyneb, polisi drws agored yn y Dwyrain Pell, ehangu morwrol, dylanwad yn America Ladin, diplomyddiaeth ryngwladol.

27 Rhyfela tanfor anghyfyngedig a thelegram Zimmerman.

28 Cryfder diwydiannol ac ariannol, cymorth y llynges, llwyddiannau ar y Ffrynt Gorllewinol mewn gwrth-frwydrau gan y Cyngheiriaid yn 1918.

29 Methiant Wilson i adeiladu consensws domestig, gwrthdaro rhwng y syniad o Gynghrair o Genhedloedd a Chyfansoddiad UDA, methiant Wilson i gyfaddawdu.

30 Ymddangosiad unbeniaid yn Ewrop, ymosodedd Japan yn China, buddugoliaethau'r Almaen 1939-41, gwrthsafiad Prydain, bygythiad yr Echelin i UDA.

31 Bargen llongau distryw 1940, Les-Fenthyg 1941, gweithredu gan UDA yn erbyn llongau tanfor, Siarter yr Iwerydd 1941.

32 Cytundeb Tridarn 1940, ymosodiadau Japan yn China ac Indo-China, sancsiynau UDA yn erbyn Japan, methiant y trafodaethau.

33 Cynghreiriad llawn ddim yn bŵer cysylltiedig, rhyfel ar ddau ffrynt, cydweithio'n agos gyda Phrydain, cytundebau milwrol rhwymol, cysyniad y Cenhedloedd Unedig.

34 Môr Cwrel a Midway 1942, Guadalcanal 1942-3, Gwlff Leyte ac ailgipio'r Pilipinas 1944–45, Okinawa ac Iwo Jima 1945, defnydd o fomiau atomig 1945.

35 Cyfraniad llyngesol i Frwydr yr Iwerydd, Cyrch Torch, goresgyn gogledd orllewin Ewrop 1944–45, cyrch bomio strategol.

36 Yr Ail Ryfel Byd yn cuddio'r anghytuno sylfaenol, dadleuon dros ddwyrain Ewrop a'r Almaen, ansicrwydd Sofietaidd, telegram Keenan, gwrthdaro personoliaeth.

37 Cynghreiriau milwrol yn yr Ail Ryfel Byd, Athrawiaeth Truman, Cymorth Marshall, NATO.

38 Buddugoliaeth gomiwnyddol yn cael ei gweld fel gorchfygu UDA, China a'r UGSS yn cael eu gweld fel bygythiad monolithig, McCarthyaeth, effaith ar Ryfel Korea.

39 Y ddwy ochr yn flinedig, methiant y opsiynau milwrol confensiynol, diffyg symud milwrol, marwolaeth Stalin, ymagwedd newydd gan Eisenhower.

40 Ehangu cyfyngiant, ehangu enfawr ar allu amddiffyn UDA, ymrwymiad i NATO a SEATO, cefnogaeth i Taiwan, McCarthyaeth.

41 Polisi dibynfentro, atal gwrthryfel yn Hwngari, problem Berlin, datblygiadau technolegol Sofietaidd, digwyddiad U2.

42 Bygythiad i ddiogelwch UDA ac Athrawiaeth Monroe, ymddygiad byrbwyll Khrushchev, pwysau ar Khrushchev, ei ddiffyg ystyriaeth ddigonol o Kennedy.

43 Bri cynyddol Kennedy, diogelwch cyfundrefn Cuba, llinell boeth, gwell perthynas rhwng UDA a'r UGSS, llwyddiant yr ymateb graddedig.

44 Llacio tensiwn rhwng UDA a'r UGSS, ymdrechion i sicrhau cyfyngu ar arfau niwclear, gwell perthynas rhwng UDA a China.

45 Theori domino, cyfyngiant, cefnogaeth i Dde Viet Nam, digwyddiad Gwlff Tonkin, problem hygrededd, ymateb graddedig, ofn dyhuddiad.

46 Cryfder cenedlaetholdeb ac ewyllys Viet Nam, tactegau milwrol amhriodol, gorddibyniaeth ar rym arfau, methu ag ennill calonnau a meddyliau, effaith adroddiadau'r cyfryngau, gwrthwynebiad domestig, problem morâl mewn rhyfel oedd yn estyn.

47 Costau ariannol enfawr, colledion trwm, dinistr yn Viet Nam a Cambodia, dadrithiad domestig gyda'r llywodraeth, cyfyngiant a theori domino'n colli hygrededd, colli hyder.

48 Yr UGSS yn cyflawni paredd niwclear, anfon SS20au, ymyrraeth Sofietaidd yn Affrica ac Afghanistan, UDA yn tynnu'n ôl o *SALT II* a'r Gemau Olympaidd ac ethol Reagan yn 1980.

49 Rhethreg digyfaddawd, rhaglen cymorth i Pacistan a'r Mujahedeen, sancsiynau economaidd, ehangu'r gyllideb amddiffyn, SDI, taflegrau Pershing II, ymateb i drychineb *KAL* 1983.

50 Pryder oherwydd ymateb Sofietaidd i ymarferion *NATO* yn 1983, parodrwydd i greu cyswllt gyda'r arweinyddiaeth Sofietaidd, ymrwymiad personol i ddiarfogi niwclear.

51 Cytundeb Pŵer Niwclear Canolradd, ymrwymiad personol Reagan a Gorbachev, sgiliau trafod Shultz a Shevardnadze.

52 Moment unbegynol UDA, pŵer mawr economaidd, bygythiadau diogelwch ac economaidd newydd yn ymddangos.

Mynegai

Sylwch: mae rhifau tudalen mewn print **bras** yn nodi lle gallwch ddod o hyd i ddiffiniadau termau allweddol.